教育部高等学校信息安全专业教学指导委员会
中国计算机学会教育专业委员会 共同指导

网络空间安全重点规划丛书

Web应用防火墙
技术及应用

杨东晓　王嘉　程洋　李晨阳　编著

U0215167

清华大学出版社
北京

内 容 简 介

本书全面介绍 Web 应用防火墙(WAF)技术及应用知识。全书共 8 章,主要内容包括 Web 系统安全概述、Web 应用防火墙、HTTP 校验和访问控制、Web 防护、网页防篡改、分布式拒绝服务攻击防护、威胁情报中心和典型案例。每章最后都提供了相应的思考题。

本书由奇安信集团针对高校网络空间安全专业的教学规划组织编写,既适合作为网络空间安全、信息安全等专业本科生相关专业基础课程教材,也适合作为网络安全研究人员的基础读物。

本书封面贴有清华大学出版社防伪标签,无标签者不得销售。

版权所有,侵权必究。举报: 010-62782989,beiqinquan@tup.tsinghua.edu.cn。

图书在版编目(CIP)数据

Web 应用防火墙技术及应用/杨东晓等编著. —北京:清华大学出版社,2019(2024.9重印)
(网络空间安全重点规划丛书)
ISBN 978-7-302-51955-3

Ⅰ. ①W… Ⅱ. ①杨… Ⅲ. ①计算机网络—防火墙技术 Ⅳ. ①TP393.08

中国版本图书馆 CIP 数据核字(2018)第 291011 号

责任编辑:张 民 战晓雷
封面设计:常雪影
责任校对:梁 毅
责任印制:宋 林

出版发行:清华大学出版社
　　　网　　　址:https://www.tup.com.cn,https://www.wqxuetang.com
　　　地　　　址:北京清华大学学研大厦 A 座　　　　　　邮　　编:100084
　　　社 总 机:010-83470000　　　　　　　　　　　　邮　　购:010-62786544
　　　投稿与读者服务:010-62776969,c-service@tup.tsinghua.edu.cn
　　　质量反馈:010-62772015,zhiliang@tup.tsinghua.edu.cn
　　　课件下载:https://www.tup.com.cn,010-83470236

印 刷 者:三河市人民印务有限公司
经　　　销:全国新华书店
开　　本:185mm×260mm　　　　印　张:9.5　　　　字　　数:226千字
版　　次:2019 年 1 月第 1 版　　　　　　　　　　　印　　次:2024 年 9 月第 8 次印刷
定　　价:29.00 元

产品编号:080618-01

网络空间安全重点规划丛书

编审委员会

顾问委员会主任：沈昌祥（中国工程院院士）

特别顾问：姚期智（美国国家科学院院士、美国人文与科学院院士、
中国科学院院士、"图灵奖"获得者）

何德全（中国工程院院士）　　蔡吉人（中国工程院院士）

方滨兴（中国工程院院士）　　吴建平（中国工程院院士）

王小云（中国科学院院士）　　管晓宏（中国科学院院士）

冯登国（中国科学院院士）　　王怀民（中国科学院院士）

主　　任：封化民

副 主 任：李建华　俞能海　韩　臻　张焕国

委　　员：（排名不分先后）

蔡晶晶　　曹珍富　　陈克非　　陈兴蜀　　杜瑞颖　　杜跃进
段海新　　范　红　　高　岭　　宫　力　　谷大武　　何大可
侯整风　　胡爱群　　胡道元　　黄继武　　黄刘生　　荆继武
寇卫东　　来学嘉　　李　晖　　刘建伟　　刘建亚　　马建峰
毛文波　　潘柱廷　　裴定一　　钱德沛　　秦玉海　　秦　拯
秦志光　　仇保利　　任　奎　　石文昌　　汪烈军　　王劲松
王　军　　王丽娜　　王美琴　　王清贤　　王伟平　　王新梅
王育民　　魏建国　　翁　健　　吴晓平　　吴云坤　　徐　明
许　进　　徐文渊　　严　明　　杨　波　　杨　庚　　杨义先
于　旸　　张功萱　　张红旗　　张宏莉　　张敏情　　张玉清
郑　东　　周福才　　周世杰　　左英男

丛书策划：张　民

出版说明

　　21 世纪是信息时代,信息已成为社会发展的重要战略资源,社会的信息化已成为当今世界发展的潮流和核心,而信息安全在信息社会中将扮演极为重要的角色,它会直接关系到国家安全、企业经营和人们的日常生活。随着信息安全产业的快速发展,全球对信息安全人才的需求量不断增加,但我国目前信息安全人才极度匮乏,远远不能满足金融、商业、公安、军事和政府等部门的需求。要解决供需矛盾,必须加快信息安全人才的培养,以满足社会对信息安全人才的需求。为此,教育部继 2001 年批准在武汉大学开设信息安全本科专业之后,又批准了多所高等院校设立信息安全本科专业,而且许多高校和科研院所已设立了信息安全方向的具有硕士和博士学位授予权的学科点。

　　信息安全是计算机、通信、物理、数学等领域的交叉学科,对于这一新兴学科的培养模式和课程设置,各高校普遍缺乏经验,因此中国计算机学会教育专业委员会和清华大学出版社联合主办了"信息安全专业教育教学研讨会"等一系列研讨活动,并成立了"高等院校信息安全专业系列教材"编审委员会,由我国信息安全领域著名专家肖国镇教授担任编委会主任,指导"高等院校信息安全专业系列教材"的编写工作。编委会本着研究先行的指导原则,认真研讨国内外高等院校信息安全专业的教学体系和课程设置,进行了大量具有前瞻性的研究工作,而且这种研究工作将随着我国信息安全专业的发展不断深入。系列教材的作者都是既在本专业领域有深厚的学术造诣,又在教学第一线有丰富的教学经验的学者、专家。

　　该系列教材是我国第一套专门针对信息安全专业的教材,其特点是:

　　① 体系完整、结构合理、内容先进。

　　② 适应面广:能够满足信息安全、计算机、通信工程等相关专业对信息安全领域课程的教材要求。

　　③ 立体配套:除主教材外,还配有多媒体电子教案、习题与实验指导等。

　　④ 版本更新及时,紧跟科学技术的新发展。

　　在全力做好本版教材,满足学生用书的基础上,还经由专家的推荐和审定,遴选了一批国外信息安全领域优秀的教材加入系列教材中,以进一步满足大家对外版书的需求。"高等院校信息安全专业系列教材"已于 2006 年年初正式列入普通高等教育"十一五"国家级教材规划。

　　2007 年 6 月,教育部高等学校信息安全类专业教学指导委员会成立大会暨第一次会议在北京胜利召开。本次会议由教育部高等学校信息安全类专业教学指导委员会主任单位北京工业大学和北京电子科技学院主办,清华大学出版社协办。教育部高等学校信息安全类专业教学指导委员会的成立对我国信息安全专业的发展起到重要的指导和推动作用。2006 年教育部给武汉大学下达了"信息安全专业指导性专业规范研制"的教学科研项目。2007 年起该项目由教育部高等学校信息安全类专业教学指导委员会组织实施。在高教司和教指委的指导下,项目组团结一致,努力工作,克服困难,历时 5年,制定出我国第一个信息安全专业指导性专业规范,于 2012 年年底通过经教育部高等教育司理工科教育处授权组织的专家组评审,并且已经得到武汉大学等许多高校的实际使用。2013 年,新一届教育部高等学校信息安全专业教学指导委员会成立。经组织审查和研究决定,2014 年以教育部高等学校信息安全专业教学指导委员会的名义正式发布《高等学校信息安全专业指导性专业规范》(由清华大学出版社正式出版)。

2015 年 6 月,国务院学位委员会、教育部出台增设"网络空间安全"为一级学科的决定,将高校培养网络空间安全人才提到新的高度。2016 年 6 月,中央网络安全和信息化领导小组办公室(下文简称中央网信办)、国家发展和改革委员会、教育部、科学技术部、工业和信息化部及人力资源和社会保障部六大部门联合发布《关于加强网络安全学科建设和人才培养的意见》(中网办发文〔2016〕4 号)。2019 年 6 月,教育部高等学校网络空间安全专业教学指导委员会召开成立大会。为贯彻落实《关于加强网络安全学科建设和人才培养的意见》,进一步深化高等教育教学改革,促进网络安全学科专业建设和人才培养,促进网络空间安全相关核心课程和教材建设,在教育部高等学校网络空间安全专业教学指导委员会和中央网信办资助的网络空间安全教材建设课题组的指导下,启动了"网络空间安全重点规划丛书"的工作,由教育部高等学校网络空间安全专业教学指导委员会秘书长封化民教授担任编委会主任。本规划丛书基于"高等院校信息安全专业系列教材"坚实的工作基础和成果、阵容强大的编审委员会和优秀的作者队伍,目前已经有多本图书获得教育部和中央网信办等机构评选的"普通高等教育本科国家级规划教材""普通高等教育精品教材""中国大学出版社图书奖"和"国家网络安全优秀教材奖"等多个奖项。

"网络空间安全重点规划丛书"将根据《高等学校信息安全专业指导性专业规范》(及后续版本)和相关教材建设课题组的研究成果不断更新和扩展,进一步体现科学性、系统性和新颖性,及时反映教学改革和课程建设的新成果,并随着我国网络空间安全学科的发展不断完善,力争为我国网络空间安全相关学科专业的本科和研究生教材建设、学术出版与人才培养做出更大的贡献。

我们的 E-mail 地址是: zhangm@tup. tsinghua. edu. cn,联系人: 张民。

"网络空间安全重点规划丛书"编审委员会

前　言

没有网络安全,就没有国家安全;没有网络安全人才,就没有网络安全。

为了适应对网络安全人才的需要,如今,许多学校都在下大功夫、花大本钱,聘请优秀教师,招收优秀学生,建设一流的网络空间安全专业,努力培养网络安全人才。

网络空间安全专业建设需要体系化的培养方案、系统化的专业教材和专业化的师资队伍。优秀教材是培养网络空间安全专业人才的关键。但是,这又是一项十分艰巨的任务。原因有二:其一,网络空间安全的涉及面非常广,至少包括密码学、数学、计算机、通信工程、信息工程等多个学科,因此,其知识体系庞杂,难以梳理;其二,网络空间安全的实践性很强,技术发展更新非常快,对环境和师资要求也很高。

"Web 应用防火墙技术及应用"是网络空间安全和信息安全专业的基础课程,其目标是使学生掌握 Web 应用防火墙技术及应用。

本书涉及的知识面很宽。全书共 8 章。第 1 章为 Web 系统安全概述,第 2 章介绍 Web 应用防火墙,第 3 章介绍 HTTP 校验和访问控制,第 4 章介绍 Web 防护,第 5 章介绍网页防篡改,第 6 章介绍分布式拒绝服务攻击防护,第 7 章介绍威胁情报中心,第 8 章介绍典型案例。

本书既适合作为网络空间安全、信息安全等专业的本科生相关专业基础课程的教材,也适合作为网络安全研究人员的入门基础读物。本书的内容将随着新技术的发展而更新。

由于作者水平有限,书中难免存在疏漏和不妥之处,欢迎读者批评指正。

作　者
2018 年 8 月

目 录

第 1 章

Web 系统安全概述

随着信息通信技术和互联网技术的飞速发展,网络不仅改变了人们的生活方式,还推动了传统工业、新兴服务业和信息产业的快速发展,带动了国民经济发展和社会进步。互联网逐渐改变了人们的生活方式,人们可以利用互联网轻松完成信息检索、网上购物和移动支付等。当人们在使用各种互联网应用时,也面临着网络安全的巨大挑战。Web 系统在飞速发展的同时也面临着诸多安全隐患。本章主要介绍 Web 系统安全情况,学习者通过本章应了解 Web 系统安全现状,理解 Web 网站系统结构和 Web 安全漏洞分析。

1.1 Web 系统安全现状

我国的互联网发展十分迅猛。根据中国互联网络信息中心(CNNIC)发布的《中国互联网络发展状况统计报告》显示,截至 2017 年年底,中国网民规模达 7.72 亿,全年共计新增网民 4074 万人,互联网普及率达到 55.8%,较 2016 年年底提升 2.6 个百分点。

根据工业和信息化部的相关规定,网站域名须在主管部门备案。一般网站正常备案的类型为政府机关、军队、事业单位、社会团体、企业、个人、基金会、律师事务所等。截至 2017 年年底,中国域名总数为 3847 万个,其中".cn"域名总数年增长为 25.9%,达到 2085 万个,在中国域名总数中占比达 54.2%。

根据奇安信网站安全检测平台 2017 年全年的扫描情况,从域名类型统计看,在全球通用域名中.com 域名最多,占比为 64.2%;其次是.net(5.9%)、.org(1.7%);在中国域名中,.gov.cn 占比为 3.6%、.edu.cn 占比为 1.6%,其他普通的.cn 域名(不含.gov 和 .edu)为 23.0%,如图 1-1 所示。

网络给人们的生活带来了极大的便利。然而,由于网络系统的开放性、现有网络协议和软件系统存在的各种安全缺陷或漏洞,各种网络攻击事件频发,如病毒传播、网页篡改、信息窃取等,给国家安全、企业利益和个人权益带来了极大危害,并造成了巨大的经济损失。

网站信息泄露事件层出不穷,最引人关注的有"京东 12GB 用户数据外泄""国家电力 APP 疑似泄露千万用户信息"等事件。大量的实际案例和研究表明,网站个人信息泄露已成为网络诈骗的助推器。从中国互联网协会发布的《中国网民权益保护调查报告 2016》可以看到,网民在网络购物过程中,遭遇个人信息泄露的占 51%,84% 的人因信息泄露受到骚扰、金钱损失等不良影响,2016 年,网民因个人信息泄露等遭受的经济损失高达 915 亿元。

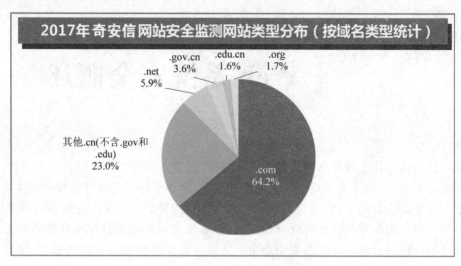

图 1-1　网站域名类型分布图

另外，在网络黑产中，交易个人信息成为整个产业链中重要的一环。据报道，仅需花费 700 元即可买到 11 项个人隐私信息，涉及个人航班记录、存款记录、开房记录、手机实时定位信息、手机通话记录等。

大量个人信息泄露，主要由两方面原因所致：一是网站存在安全漏洞，被攻击者入侵；二是网站内部人员非法盗卖。

根据奇安信网站安全检测平台 2017 年全年的扫描情况，存在漏洞的网站有 69.1 万个，占扫描网站总数的 66.0％；存在高危漏洞的网站有 34.4 万个，占扫描网站总数的 32.9％。2017 网站存在漏洞情况如图 1-2 所示。

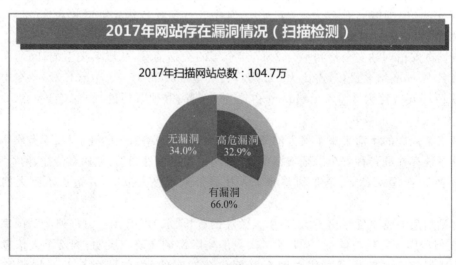

图 1-2　2017 年网站存在漏洞情况

从漏洞的危险等级看，2017 年高危漏洞数量占 47.3％，中危漏洞数量占 20.5％，低危漏洞数量占 32.2％，如图 1-3 所示。

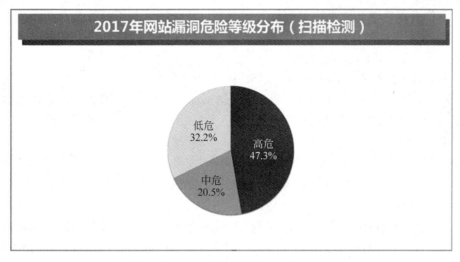

图 1-3　2017 年网站漏洞危险等级分布

1.2　Web 网站系统结构

Web 系统安全性与 Web 网站系统结构密切相关。根据 Web 网站的性质和系统结构，通常将 Web 网站分为静态网站和动态网站两种。

1.2.1　静态网站

静态网站是指以静态网页发布内容的网站，一般不具备网站交互式功能。静态网站由两个部分组成：Web 服务器和 Web 客户端。

Web 服务器以静态页面形式发布网站内容，网站内容全部由 HTML 代码格式的静态页面组成，所有的内容均包含在网页文件中，一般不需要建立数据库。

Web 客户端为支持 HTTP 或 HTTPS 协议的通用浏览器，如 IE 和 360 安全浏览器等。用户使用浏览器访问 Web 网站。

1.2.2　动态网站

动态网站是指网页内容可以根据不同情况做出动态变化的网站，主要用于实现各种交互功能，如用户注册、信息发布、产品展示、订单管理、电子商务和网上支付等。

动态网站系统一般由 Web 服务器、数据库系统、Web 客户端 3 个部分组成，如图 1-4 所示。

Web客户端　　　　　数据库系统　　　　　Web服务器

图 1-4　动态网站系统

Web 服务器以动态网页形式发布网站内容。动态网页并不是独立存在于服务器的网页文件,而是根据浏览器发出的不同请求返回不同的网页内容,动态网页中通常包含服务器端脚本程序。

常见的服务器端脚本程序有 ASP、JSP 和 PHP 3 种类型。

(1) ASP(Active Server Page,动态服务器页面)是微软公司开发的动态网页设计应用程序,它可以与数据库和其他程序进行交互,是一种简单、方便的编程工具。ASP 的网页文件格式是.asp。

(2) JSP(Java Server Pages,Java 服务器页面)主要用于实现 Java Web 应用程序的用户界面部分。用 JSP 开发的 Web 应用是跨平台的,既能在 Linux 上运行,也能在 Windows 上运行。

(3) PHP(Hypertext Preprocessor,超文本预处理语言)是一种通用开源脚本语言。PHP 将程序嵌入 HTML(Hypertext Markup Language,超文本标记语言)文档中执行,执行效率较高。

数据库系统主要用来提供网站数据的存储和查询功能,有无数据库系统是区别动态网站和静态网站的主要特征。

Web 客户端为支持 HTTP 或 HTTPS 协议的通用浏览器,用户使用浏览器访问 Web 网站。

从应用逻辑上,一个 Web 应用系统由表示层、业务逻辑层和数据层组成,如图 1-5 所示。

图 1-5　Web 应用系统三层构架

(1) 表示层。位于最上层,主要为用户提供交互式操作的用户界面,用来接收用户输入的数据以及显示请求返回的结果。它将用户的输入传递给业务逻辑层,同时将业务逻辑层返回的数据显示给用户。

(2) 业务逻辑层。是三层架构中最核心的部分,是连接表示层和数据层的纽带,主要用于实现与业务需求有关的系统功能,如业务规则的制定、业务流程的实现等。它接收和处理用户输入的信息,与数据层建立连接,将用户输入的数据传递给数据层进行存储,或者根据用户的命令从数据层中读出所需数据,并返回到表示层展现给用户。

(3) 数据层。主要负责对数据的操作,包括对数据的读取、增加、修改和删除等。数据层可以访问的数据类型有多种,如数据库系统、文本文件、二进制文件和 XML 文档等。在数据驱动的 Web 应用系统中,需要建立数据库系统,通常采用 SQL 语言对数据库中的数据进行操作。

Web 应用系统的工作流程如下:表示层接收用户浏览器的查询命令,将参数传递给业务逻辑层;业务逻辑层将参数组合成专门的数据库操作 SQL 语句,发送给数据层;数据层执行 SQL 操作后,将结果返回给业务逻辑层;业务逻辑层将结果在表示层展现给用户。

动态网站主要用于支持复杂的 Web 应用系统,最容易产生安全漏洞,因此它成为 Web 系统安全防护的重点。

1.2.3　Web 服务器

Web 服务器可以解析各种动态语言,让动态语言生成的程序最终能显示在浏览的页面上。

1. Microsoft IIS

IIS(Internet Information Services,互联网信息服务)是由微软公司提供的基于 Microsoft Windows 运行的互联网基本服务,是一种 Web 服务组件,其中包括 Web 服务器、文件传输协议(File Transfer Protocol,FTP)服务器、网络新闻传输协议(Network News Transfer Protocol,NNTP)服务器和简单邮件传输协议(Simple Mail Transfer Protocol,SMTP)服务器,分别用于网页浏览、文件传输、新闻服务和邮件传输等。IIS 简单易用,但存在诸多安全隐患。

2. Apache

Apache HTTP Server(简称 Apache)是 Apache 软件基金会的一个开放源码的网页服务器,可以在大多数计算机操作系统上运行,由于其多平台和安全性而被广泛使用,是流行的 Web 服务器端软件之一。

Apache 由一个较小的内核和一些模块组成,支持许多特性,大部分通过编译模块实现。服务器运行时这些模块被动态加载,这些模块包括从服务器端的编程语言支持到身份认证方案。可以通过简单的应用程序编程接口(Application Programming Interface,API)扩展一些通用的语言支持,如 Perl、Python、TCL 和 PHP。

3. Nginx

Nginx 是轻量级的超文本传输协议(Hypertext Transfer Protocol,HTTP)服务器,是一个高性能的 HTTP 和反向代理服务器。Nginx 以事件驱动的方式编写,所以性能较高,同时也能高效地实现反向代理和负载平衡。

Nginx 具有较高的稳定性。当其他 HTTP 服务器遇到访问峰值或者攻击者恶意发起的慢速连接时,很可能会导致服务器因物理内存耗尽、频繁交换而失去响应,只能重启服务器。而 Nginx 采用分阶段资源分配技术,因此 CPU 与内存占用率非常低。

4. WebLogic

WebLogic 是 BEA 公司推出的用于开发、集成、部署和管理大型分布式 Web 应用、网络应用和数据库应用的 Java 应用服务器。将 Java 的动态功能和 Java Enterprise 标准的安全性引入大型网络应用的开发、集成、部署和管理之中。

BEA WebLogic Server 拥有处理关键 Web 应用系统问题所需的性能、可扩展性和高可用性。与 BEA WebLogic Commerce Server 配合使用,BEA WebLogic Server 可为部署适应性、个性化电子商务应用系统提供完善的解决方案。WebLogic 长期以来一直被认为是市场上最好的 J2EE 工具之一。

1.3 Web 安全漏洞

1.3.1 应用系统安全漏洞

Web 应用系统安全漏洞是指 Web 应用系统的软件、硬件或通信协议中存在安全缺陷或不适当的配置,攻击者可以在未授权的情况下非法访问系统,给 Web 应用系统安全造成严重的威胁。

Web 应用系统安全漏洞大致可分成如下 4 类。

(1) 软件漏洞。任何一种软件系统都存在脆弱性。软件漏洞可以看作编程语言的局限性。例如,一些程序如果接收到异常或者超长的数据和参数就会导致缓冲区溢出。这是因为很多软件在设计时忽略了或者很少考虑安全性问题,即使在程序设计中考虑了安全性,也往往因为开发人员缺乏安全培训或没有安全编程经验而造成安全漏洞。此类安全漏洞可以分为两种:一种是由于操作系统本身设计缺陷带来的安全漏洞,这种漏洞将被运行在该系统上的应用程序所继承;另一种是应用程序的安全漏洞,这种漏洞最常见,更要引起广泛的关注。

(2) 结构漏洞。一些网络系统在设计时忽略了网络安全问题,没有采取有效的网络安全防护措施,从而使网络系统处于不设防状态;在一些重要网段中,交换机、路由器等网络设备设置不当,造成网络流量被监听和获取。

(3) 配置漏洞。一些网络系统中管理员忽略了安全策略的制定,此时即使采取了一定的安全防护措施,但由于系统的安全配置不合理或不完整,安全机制没有发挥作用;在网络系统发生变化后,由于没有及时更改系统的安全配置而造成安全漏洞。

(4) 管理漏洞。由于网络管理员的疏漏和麻痹造成的安全漏洞。例如,管理员口令太短或长期不更换,攻击者采用弱口令进行攻击;两台服务器共用同一个用户名和口令,如果一个服务器被入侵,则另一个服务器也不能幸免。

从这些安全漏洞产生的原因来看,既存在技术因素,也有管理因素和人员因素。实际上,攻击者正是分析了与目标系统相关的技术因素、管理因素和人员因素后,寻找并利用其中的安全漏洞来入侵系统。因此,必须从技术手段、管理制度和人员培训等方面采取有效的措施来防止出现安全漏洞并修补安全漏洞,提高网络系统的安全防范能力和水平。

1.3.2 Web 漏洞类型

Web 系统存在各种安全隐患,安全隐患的危害程度不同。在网络技术日新月异的今天,攻击技术也在不断发展,SQL 注入、XSS 漏洞、敏感信息泄露等安全隐患层出不穷。了解和掌握这些 Web 系统安全隐患的原理,可以帮助网络安全运维人员更好地抵御攻击,保障信息系统的安全。

开放式 Web 应用程序安全项目(Open Web Application Security Project,OWASP)

是一个提供有关计算机和互联网应用程序信息的组织,其目的是协助个人、企业和机构发现和使用可信赖软件。OWASP 组织最具权威的就是定期发布的十大安全漏洞列表,该表总结了 Web 应用程序最可能、最常见、危害性最大的 10 种漏洞,帮助 IT 公司和开发团队规范应用程序开发流程和测试流程,提高 Web 系统的安全性。OWASP 在 2017 年公布的十大安全漏洞如表 1-1 所示,其中还列出了 2013 年的十大安全漏洞作为对比。

图 1-1　OWASP 十大安全漏洞

序号	OWASP Top 10(2013)	OWASP Top10(2017)
1	注入	注入
2	失效的身份认证和会话管理	失效的身份认证和会话管理
3	跨站脚本	跨站脚本
4	直接引用不安全的对象	失效的访问控制(new)
5	安全配置错误	安全配置错误
6	敏感信息泄露	敏感信息泄露
7	缺少功能级访问控制	攻击检测与预防不足(new)
8	跨站请求伪造	跨站请求伪造
9	使用含有已知的漏洞组件	使用含有已知的漏洞组件
10	未验证的重定向和转发	未受保护的 API(new)

根据奇安信网站安全检测平台扫描的高危漏洞情况,跨站脚本攻击漏洞的扫出次数和漏洞网站数量都是最多的,其次是 SQL 注入漏洞、SQL 注入漏洞(盲注)、PHP 错误信息泄露等漏洞类型。表 1-2 给出了奇安信网站安全检测平台在 2017 年 1—10 月的十大高危漏洞。

表 1-2　2017 年 1—10 月十大高危漏洞

漏 洞 名 称	扫出次数/万次	漏洞网站数/万个
跨站脚本攻击漏洞	91.7	7.6
SQL 注入漏洞	18.8	1.7
SQL 注入漏洞(盲注)	18.0	2.3
PHP 错误信息泄露	9.2	0.7
数据库运行时错误	5.3	0.5
跨站脚本攻击漏洞(路径)	3.7	1.1
使用存在漏洞的 JQuery 版本	3.7	1.8
MS15-034 HTTP.sys 远程代码执行	1.8	0.9
发现 SVN 版本控制信息文件	1.5	0.2
跨站脚本攻击漏洞(文件)	1.3	0.2

根据各类网站安全漏洞被扫出次数的统计情况,应用程序错误(287.7 万次)、发现敏感名称的目录漏洞(184.1 万次)和异常页面导致服务器路径泄露(122.7 万次)这 3 类安全漏洞在网站安全漏洞中排在前 3 位,三者之和超过其他所有漏洞检出次数的总和。表 1-3 给出了被扫出次数最多的 10 类网站安全漏洞。

表 1-3　2017 年扫出数量最多的 10 类网站安全漏洞

漏 洞 名 称	漏洞级别	扫出次数/万次	漏洞网站数/万个
应用程序错误	低危	287.7	8.9
发现敏感名称的目录漏洞	低危	184.1	16.1
异常页面导致服务器路径泄露	低危	122.7	8.0
X-Frame-Options 头未设置	低危	105.7	36.8
跨站脚本攻击漏洞	高危	91.7	7.6
发现 robots.txt 文件	低危	68.7	28.7
Web 服务器启用了 OPTIONS 方法	低危	64.9	25.7
IIS 版本号可以被识别	低危	43.9	18.4
Cookie 没有 HttpOnly 标志	低危	30.3	10.1
IIS 短文件名泄露漏洞	低危	24.0	9.6

SQL 注入、XSS 漏洞、跨站请求伪造攻击、恶意流量攻击、文件上传下载漏洞、网页篡改、DDoS 攻击等技术细节将在后续章节具体描述。

1.3.3　Web 系统安全技术

Web 网站是一种开放的信息系统,它所面临的主要安全风险是来自攻击者的外部攻击,包括分布式拒绝服务(DDoS)攻击、网络病毒攻击以及各种渗透式攻击等。DDoS 攻击和网络病毒攻击可能造成 Web 网站瘫痪,渗透式攻击可能造成网页内容被篡改、网页被挂马以及敏感信息被泄露等,给 Web 网站及应用系统安全带来严重的后果。因此,对 Web 网站及应用系统的安全防护非常有必要。

由于大多数的网络攻击利用了信息系统中的各种安全漏洞,包括各种软件漏洞、配置漏洞、结构漏洞以及管理漏洞等,及时检测并修复信息系统中的安全漏洞,对于保障信息系统安全是十分重要的。因此,安全漏洞检测技术是一种重要的信息安全技术。

常用的信息安全技术有防火墙系统、防病毒系统、访问控制系统、入侵检测系统(IDS)、入侵防护系统(IPS)、漏洞扫描系统、安全审计系统、数据备份系统、安全监管系统等,按照相应的保护等级,综合运用这些信息安全技术及产品对信息系统实施有效的安全保护。

在 Web 网站系统中,存在着 Web 服务器和 Web 应用系统两个层面的安全问题,针对 Web 应用系统的各类注入攻击,如 SQL 注入攻击、XSS 攻击以及其他注入攻击等,使用常规的安全防护设备,例如防火墙、入侵检测系统等,很难达到良好的防护效果。因此,针对 Web 安全问题而发展起来的 Web 系统安全技术，如 Web 安全漏洞检测技术、Web 应用防火墙技术等，成为当前信息安全技术的研究热点，本书主要介绍 Web 应用防火墙技术。

1.4　Web 安全威胁前沿趋势

1. 不当信息公开导致大量政府网站信息泄露

2017 年，国内发生了一系列的政府机构泄露信息事件。让人惊讶的是，这些事件大多是由于政府网站在政务公开环节不必要地公开了相关人员完整的、详细的身份信息而造成的，被不当公开的信息包括完整的身份证号码、联系电话等。

例如，2017 年 10 月 10 日，某市财政局在市政府信息公开网发布的通知中公布了 900 余名合格考生的证书编号、准考证号、身份证号码、姓名等信息。2017 年 10 月 31 日，在某市的市政府信息公开网发布的公示中，在可供公众下载的文件中公布了学生姓名、完整身份证号以及联系电话等。

这些信息泄露事件主要是由于有关部门的人员缺乏最基本的网络安全常识，缺乏最基本的公民信息保护意识而引发的，而与任何网络攻击技术或网站安全漏洞无关。类似的事件在全国各地时有发生，很多城市的网络安全建设水平亟待提高。

同时，政务公开、重大事件公示等必要的行政措施与公民个人信息保护之间可能存在的矛盾也值得我们进行更深入的思考。表面上看，似乎可以找到一个平衡点来平衡公开、公平与隐私保护两者的关系。但实际上，此类问题涉及法律法规、技术手段、公众认知、公职人员安全意识等多方面的复杂因素，很难在短时间内得到全面、有效的解决。

2. 勒索软件大量入侵服务器

2017 年，勒索软件的攻击进一步聚焦在高利润目标上，其中包括高净值个人、连接设备和企业服务器。特别是针对中小企业网络服务器的攻击急剧增长，已经成为 2017 年勒索软件攻击的一大鲜明特征。据不完全统计，2017 年，约 15% 的勒索软件攻击是针对中小企业服务器发起的定向攻击，尤以 CrySiS、xtbl、wallet、arena、Cobra 等病毒家族为代表。

客观地说，中小企业往往安全架构单一，容易被攻破。同时，勒索软件以企业服务器为攻击目标，往往也更容易获得高额赎金。例如，针对 Linux 服务器的勒索软件 Rrebus 虽然名气不大，却轻松地从韩国 Web 托管公司 Nayana 收取了 100 万美元赎金，是震惊全球的恶意代码"永恒之蓝"全部勒索赎金的 7 倍之多。Nayana 公司之所以屈服，是因为该公司超过 150 台服务器受到攻击，上面托管了 3400 多家中小企业客户的站点。这款勒索病毒的覆盖面有限，韩国几乎是唯一的重灾区。

3. 挖矿木马的疯狂敛财暗流

在 2017 年这个安全事件频发的年份，除了受到全世界关注的 WannaCry 勒索病毒的出现之外，一大波挖矿木马也悄然出现。不同于勒索病毒的明目张胆，挖矿木马隐藏在几乎所有安全性脆弱的角落中,悄悄消耗着计算机的资源。由于其隐蔽性极强,大多数 PC 用户和服务器管理员难以发现挖矿木马的存在,这也导致挖矿木马数量的持续增长。

挖矿机程序利用计算机强大的运算力进行大量运算,由此获取数字货币。由于硬件性能的限制,数字货币玩家需要大量计算机进行运算以获得一定数量的数字货币,因此,一些不法分子通过各种手段将挖矿机程序植入受害者的计算机中,利用受害者计算机的运算力进行挖矿,从而获取利益。这类在用户不知情的情况下植入用户计算机进行挖矿的挖矿机程序就是挖矿木马。挖矿木马最早出现于 2013 年。由于数字货币交易价格不断走高,挖矿木马的攻击事件也越来越频繁,不难预测未来挖矿木马数量将继续攀升。对于挖矿木马而言,选择一种交易价格较高且运算力要求适中的数字货币是短期内获得较大收益的保障。

2017 年,奇安信安全团队分析获取了 Satori. Coin. Robber 僵尸网络利用"肉鸡"扫描正在挖矿的设备,并通过篡改其挖矿设备的运算力和代币,致使其挖掘的虚拟货币流向指定的账户。

4. 反人工检测技术大范围流行

2013 年,奇安信安全团队曾经监测到不法分子在正常网站中植入一段判断代码,该网页自动判断访问者是人还是搜索引擎爬虫,如果是人就跳转回正常页面,如果是搜索引擎爬虫就继续访问非法网站,给不法分子带来流量,使其从中非法获益。但是,此后却很少看到不法分子使用这种方法,直到 2017 年,又重新监测到了大量的实际案例。

不法分子为了使自己私自搭建的非法网站存活时间更长久,更加难以被发现,也在不断地改进其手法,使其更加具有迷惑性。当使用正常手段访问网页时,网页自身显示没有问题,并且由于隐蔽性较高,第一时间通过肉眼难以观察到不正常现象。

不法分子这样做的主要目的是希望合法网站拥有者(技术能力比较薄弱)访问之后认为自己的网站没有问题,但是实际上自己的网站正在被黑产利用以产生效益。不法分子采用这种手法的特点如下:

(1)保证了对黑产 SEO 的优化效率。

(2)网站管理者很难及时发现黑链并将其删除。

(3)隐蔽性极高,即使网站管理者知道存在这种情况,也可能因为没有能力而找不到黑链。

(4)延长黑链的存活时间,拥有更高的存活率。

(5)网站运维人员即使接到了领导机构或第三方机构通报,也很难发现黑链。

5. 物联网威胁更加突出

在物联网时代,网络安全形势非但没有好转,相反越来越严峻。主要原因有以下两个:一是连接的设备更多,预防更加困难;二是物联网和互联网将虚拟世界和现实世界连在一起,未来发生在网络世界的攻击可能变成物理世界真实的伤害。信息安全、物理安全、人身安全是可以跨界且融会贯通的,这些智能硬件设备如果存在安全漏洞或缺陷,一旦被恶意利用,那么发生在网络世界的攻击就有可能波及人身安全。这也使得个人信息、数据面临的网络安全挑战变得空前巨大。

　　2017 年 5 月,http81 僵尸网络的幕后操控者远程入侵了大量没有及时修复漏洞的网络摄像头设备,在这些摄像头中植入恶意代码,只要发出指令就可以随时向任何目标实施 DDoS 攻击。统计显示,http81 僵尸网络在中国已经感染并控制了超过 5 万台网络摄像头。

　　2017 年 8 月 3 日,印度多地发生 BrickerBot 网络攻击事件,影响了 Bharat Sanchar Nigam Limited(BSNL)和 Mahanagar Telephone Nigam Limited(MTNL)这两家印度国有电信服务提供商的机房内的调制调解器以及用户的路由器,该事件导致印度东北部、北部和南部地区调制调解器丢失网络连接,约 6 万台调制调解器掉线,影响了 45% 的宽带连接。

6. WebLogic 反序列化漏洞攻击可能爆发

　　2017 年 12 月末,国外安全研究者 K. Orange 在 Twitter 上爆出有黑产团体利用 WebLogic 反序列化漏洞对全球服务器发起大规模攻击。有大量企业服务器已失陷且被安装上了 watch-smartd 挖矿程序。奇安信集团安服人员在应急响应过程中也发现了几起利用 WebLogic 反序列化漏洞攻击的相关事件。

　　该漏洞的利用方法较为简单,攻击者只需要发送精心构造的 HTTP 请求,就可以获得目标服务器的权限,潜在危害巨大。在 2018 年可能会出现利用 WebLogic 漏洞攻击的事件数量大幅增长、大量新主机被攻陷的情况。

　　这种攻击在实际工作中遇到得较少,但鉴于新的反序列化攻击的出现及近期虚拟货币疯涨的利益驱动力,预计未来攻击规模可能呈上升趋势,需要引起高度重视。

思　考　题

　　1. 简述 Web 系统的安全现状。

　　2. 根据 Web 网站的性质和系统架构,通常将 Web 网站分为静态网站和动态网站两种。请描述静态网站和动态网站的相同点和不同点。

　　3. 简述 ASP、JSP、PHP 常见的服务器端脚本程序概念。

　　4. Web 应用系统安全漏洞大致包含哪几类?

　　5. OWASP 在 2017 年公布的十大安全漏洞是什么?

　　6. 常见的 Web 系统安全技术有哪些?

第 2 章
Web 应用防火墙

因传统的网络安全设备无法有效地防御基于 Web 网站的各种攻击,因此需要 Web 应用防火墙来保障 Web 系统的安全,Web 应用防火墙(Web Application Firewall,WAF)用于解决诸如防火墙等传统网络安全设备无法解决的 Web 应用安全问题。本章介绍 Web 应用防火墙的基础知识,学习者通过本章应理解 WAF 的概念、WAF 功能及特点、WAF 产品性能指标、WAF 部署模式以及 WAF 的防护原理。

2.1 WAF 简介

近年来,随着 Web 应用的快速发展,针对 Web 的各种攻击也越来越多,企业对于保障 Web 安全的投入将持续增加。

WAF 通过执行一系列针对 HTTP/HTTPS 的安全策略来专门为 Web 应用提供防护。

WAF 对来自 Web 应用程序客户端的各类请求进行内容检测和验证,确保其安全性与合法性,对非法的请求予以实时阻断,从而对各类网站进行有效防护,如图 2-1 所示。

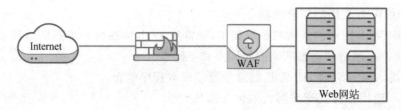

图 2-1　WAF 对网站进行防护

WAF 主要的防护对象为 Web 网站,主要是针对 Web 网站特有的攻击方式加强防护,如针对 Web 服务器网站的 DDoS 攻击、SQL 注入攻击、跨站脚本攻击和网页挂马攻击等。

2.2 WAF 的功能及特点

WAF 能够保护各网站 Web 服务器免受应用级入侵,它弥补了防火墙、IPS 类安全设备对 Web 应用攻击防护能力不足的问题。本节主要介绍 WAF 产品的功能、特点及性能指标。

2.2.1　WAF 的功能

WAF 产品通常具有以下 5 个方面的功能:

(1) Web 非授权访问的防御功能。非授权访问攻击会在客户端毫不知情的情况下窃取客户端或者网站上含有敏感信息的文件,如 Cookie 文件,通过盗用这些文件,对一些网站进行未授权的操作,如转账等。另外,WAF 产品必须具备针对跨站请求伪造(Cross-Site Request Forgery,CSRF)攻击的防护功能。

(2) Web 攻击的防御功能。Web 攻击主要包括 SQL 注入攻击和 XSS 跨站攻击。SQL 注入攻击利用 Web 应用程序不对输入数据进行检查过滤的缺陷,将恶意的 SQL 语句注入到后台数据库,从而窃取或篡改数据,控制服务器。XSS 攻击指恶意攻击者向 Web 页面中插入恶意代码,当受害者浏览该 Web 页面时,嵌入其中的代码会被受害者的 Web 客户端执行,达到恶意攻击的目的。WAF 产品除了要能防御以上两类攻击以外,还应该具备对应用层 DoS 攻击的防护能力。

(3) Web 恶意代码的防御功能。攻击者在成功入侵网站后,常常将木马后门文件放置在 Web 服务器的站点目录中,与正常的页面文件混在一起,这就要求 WAF 产品能准确识别和防御 Web 恶意代码。另外,还有对网页挂马的防护,一般这类攻击的主要目的是让用户将木马下载到本地,并进一步执行,从而使用户计算机遭到攻击和控制,最终目的是盗取用户的敏感信息,如各类账号、密码,因此防御恶意代码也是 WAF 产品需要具备的基础功能。

(4) Web 应用交付能力。应用交付是指应用交付网络(Application Delivery Networking,ADN),它借助 WAF 产品对网络进行优化,确保用户的业务应用能够快速、安全、可靠地交付给内部员工和外部服务群。通常情况下,多服务器负载均衡是 WAF 产品常见的应用交付形态。

(5) Web 应用合规功能。应用合规是指客户端或者 Web 服务器所做的各类行为符合用户设置的规定要求,例如,基于 URL 的应用层访问控制和 HTTP 请求的合规性检查都属于 Web 应用合规所强调的功能。在国内相关部门的合规规章制度要求下,以及企业或政府机构遵从的公安部等级保护的要求下,WAF 产品的应用合规已经成为客户十分重视的基础功能。

2.2.2　WAF 的特点

WAF 通常包括以下特性:

(1) URL 过滤和分类。通过对网络实时的分析,确定合法 URL 并记入 URL 数据库中,同时按新闻、游戏、电子邮件等类别进行划分。管理者可以基于访问类别等信息对网络流量进行访问控制。

(2) 出入网站流量的检测。例如对恶意软件、是否来源于僵尸网络的流量、数据丢失保护(Data Leakage Prevention,DLP)、HTTP 请求报头的检测。通过对出入网站的流量进行检测,防护各类 SQL 注入、跨站、挂马、扫描器扫描、敏感信息泄露、盗链等攻击行为。

（3）Web 应用程序的命令级限制。针对网络流量进行应用解析并识别命令级指令，管理者可以通过预置策略对敏感的命令级指令进行阻止及报警等操作。

（4）智能学习。采用建模技术，通过对访问流量的自动学习和概率统计算法分析，对网站的正常访问行为规律进行分析和总结，自动生成一套符合用户网站特性的访问行为基线，偏离基线的访问行为将被阻断或报警。

（5）可视化与集中管理。通过分布式集中管理，提供清晰的企业内部 Web 应用流量展现，结合 URL、域信息等因素，综合展现企业 IT 系统中 Web 流量的具体内容，成为网络中的"监控摄像头"，一旦 Web 流量中存在的攻击被发现，管理者可以快速发现入侵行为。

（6）网页防篡改。基于文件夹驱动级、文件驱动级保护技术保证网页的真实性，同时杜绝篡改后的网页被访问的可能性。

（7）威胁情报协同。与国内外主流威胁情报数据源进行对接，及时更新威胁情报库。基于黑 IP、黑链、僵尸网络等进行动态防御，同时能够更加精准地对攻击行为进行溯源。

通过 WAF 产品上述特性，用户的 Web 应用系统能够在复杂的 Web 攻击中得到更有效的保护。另外，安全厂商也积极地在 WAF 中增添先进的防御技术，如内嵌沙箱技术以分析可疑文件、网络流量检测、安全分析平台，同时加强本地化的应急响应服务支持，并将主动防御技术嵌入到 WAF 产品中，等等。

2.2.3　WAF 产品性能指标

性能是产品设备选型必须考虑的因素，不同的 WAF 产品有不同的性能。但是目前通用的性能指标和评估方法都是基于网络层的，不适合应用层的特点。由于缺乏相应标准，业内仍普遍以网络层性能参数来衡量应用层性能，这既不利于用户选型使用，也不利于产品规划发展。

应用层网络设备和传统网络设备相比，几乎所有的特性都聚焦于应用层协议。其不再简单地关注数据报文的转发，而是关注和应用协议相关的内容，如协议识别、应用特征识别、应用威胁识别等，并基于此开发功能特性。应用层网络设备最基本的要求就是：必须把数据包解封到第七层，即应用层。而网络层设备则是以数据包转发为主要目的，只关心数据包转发能力，只需要解封到第三层，找到对应的 IP 地址和端口信息即可。

数据包封装和解封层次越多，CPU 的计算负载就越高，会直接体现为性能的衰减。具有同样处理能力的 CPU，处理网络层数据转发和应用层识别所呈现的性能参数是完全不同的，不能放在一起横向比较，不能使用传统网络层性能指标来评价应用层设备的性能。

因此，对于应用层的设备，要将应用层性能指标和网络层性能指标相结合，可以总结为网络层吞吐量、应用层吞吐量、网络层并发连接数、HTTP 并发连接数、新建连接速率 5 个性能指标。

1. 吞吐量

吞吐量是衡量 WAF 设备最重要的指标，它是指设备在一秒内处理数据包的最大能力。具体来说,设备吞吐量是指设备在一秒内处理的最大流量或者说一秒内处理的数据包个数。设备吞吐量越高,所能提供给用户使用的带宽越大。

吞吐量的计量有两种方式:常见的是带宽计量,单位是 Mb/s(Megabit per second)或者 Gb/s(Gigabit per second);另一种是数据包处理量计量,单位是 pps(packets per second)。两种计量方式是可以相互换算的。在对一个设备进行吞吐性能测试时,通常会记录一组 64～1518B 的测试数据,每一个测试结果均有相应的 pps 数。64B 的 pps 数最大,基本上可以反映出设备处理数据包的最大能力。

应用层吞吐量,即最大 HTTP 吞吐量,是给应用引擎施加最大的压力时获得的最大工作能力。测试时需提供尽量接近真实世界的流量模型,以保证测试准确性和可重复性。

2. 并发连接数

并发连接数是衡量 WAF 设备性能的一个重要指标。这里分为网络层并发连接数和 HTTP 并发连接数。用户需要打开多个窗口或 Web 页面(即会话)上网,WAF 设备所能处理的会话数量就是并发连接数。并发连接数反映 WAF 设备对其业务信息流的处理能力,是 WAF 设备能够同时处理的点对点连接的最大数目,它反映出 WAF 设备对多个连接的访问控制能力和连接状态跟踪能力,这个参数的大小直接影响到 WAF 所能支持的最大信息点数。

像路由器的路由表存放路由信息一样,WAF 设备里有一个并发连接表,是 WAF 设备用以存放并发连接信息的地方,它可在 WAF 系统启动后动态分配进程的内存空间,其大小也就是 WAF 设备所能支持的并发连接数。大的并发连接表可以增大 WAF 设备的并发连接数,允许 WAF 设备支持更多的客户终端,但是与此同时,过大的并发连接表也会带来一定的负面影响,会增加对系统内存资源的消耗。并发连接数要考虑 CPU 的处理能力来设定。

3. 新建连接速率

新建连接速率指的是在一秒内防火墙能够处理的新建连接请求的数量。用户打开一个网页,访问一个服务器,在 WAF 设备看来是一个甚至多个新建连接。而一台设备的新建连接速率高,就可以同时给更多的用户提供网络访问。例如,设备的新建连接速率是 1万,那么如果有 1 万人同时上网,所有的请求都可以在一秒以内完成,如果有 1.1 万人上网,那么前 1 万人可以在第一秒内完成,后 1 千人的连接请求需要在下一秒才能完成。所以,新建连接速率高的设备可以让更多人同时上网,提升用户的网络体验。

新建连接速率通常采用 HTTP 来进行测试,测试结果以 CPS(Connections Per Second)作为单位。测试仪通过持续地模拟每秒大量用户连接去访问服务器以测试 WAF 设备的最大新建连接速率。新建连接速率与并发连接数不同,前者用于衡量设备的连接速率,而后者用于衡量设备的连接容量。新建连接速率的测试会立刻拆除建立的连接;而并发连接数测试则不会拆除连接,所有已经建立的连接会一直保持,直到达到设备的极限。

2.3　WAF 部署

　　网站安全一体化整体架构设计分为事前、事中、事后 3 个阶段。事前阶段进行源码级的安全检测，同时采用漏洞扫描工具、配置核查工具以及组织社会白帽子资源发现政府网站安全隐患，进行预警防控。事中阶段持续监测网站可用、篡改、敏感词、钓鱼/仿冒等安全指标，发现问题及时通报处理，采用能够抵御利用漏洞攻击和大流量 DDoS 攻击公有云＋私有云的防护模式进行安全防护。事后阶段可提供网站运营、安全服务生命周期的全覆盖支持，并可通过可视化界面为客户提供网站安全风险统一管理平台或态势感知平台，直观展现网站安全状况，为客户下一步动作提供决策能力。网站安全一体化整体架构如图 2-2 所示。

图 2-2　网站安全一体化整体架构

　　WAF 工作在安全防护系统中的本地防护部分中，对来自 Web 应用程序客户端的各类请求进行内容检测和验证，确保其安全性与合法性，对非法的请求予以实时阻断，从而对各类网站进行有效防护。

　　通常情况下，WAF 应部署在企业对外提供网站服务的 DMZ 或者数据中心服务区域，也可以与防火墙或 IPS 等网关设备串联。总之，WAF 部署位置是由 Web 服务器的位置决定的，因为 Web 服务器是 WAF 所保护的对象，部署时要使 WAF 尽量靠近 Web 服务器，如图 2-3 所示。

2.3.1　串联防护部署模式

　　串联防护部署模式十分简单，它不改变客户网络拓扑结构，能够达到"即插即用"、透明部署的效果。串联防护部署就是在网络中将一台 WAF 的硬件设备串联部署在 Web 服务器前端，能够保障网站合规流量的正常传输并阻断攻击流量，保障业务系统的运行连续性和完整性。串联防护部署模式的典型拓扑如图 2-4 所示。

　　串联防护部署模式可以分为 3 种，分别为透明代理模式、反向代理模式以及路由代理

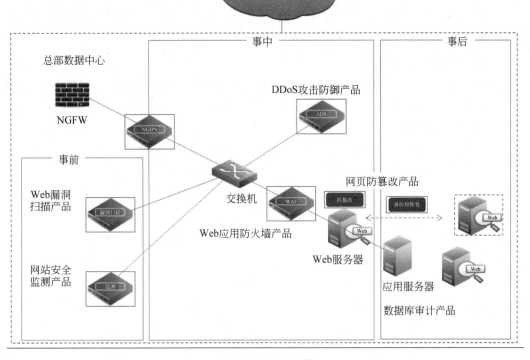

图 2-3　WAF 部署

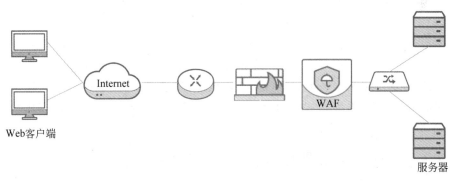

图 2-4　串联防护部署模式的典型拓扑

模式。

1. 透明代理模式

透明代理模式(也称网桥代理模式)的工作原理是：当 Web 客户端对服务器有连接请求时,TCP 连接请求将被 WAF 截取和监控。WAF 代理 Web 客户端和服务器之间的会话,将会话分成两段,并基于网桥模式进行转发。从 Web 客户端的角度看,Web 客户端仍然是直接访问服务器,感知不到 WAF 的存在;WAF 转发的工作原理和透明网桥一致,因而被为透明代理模式。

此种部署模式对网络的改动最小,可以实现零配置部署。另外,通过 WAF 的硬件旁路(bypass)功能,在设备出现故障或者掉电时可以不影响原有网络流量,只是 WAF 自身功能失效。但是由于网络的所有流量(HTTP 和非 HTTP)都经过 WAF,这对 WAF 的处理性能有一定要求,采用该工作模式无法实现服务器负载均衡功能。

2. 路由代理模式

路由代理模式与透明代理模式的唯一区别就是该代理工作在路由转发模式而非网桥模式,其他工作原理都一样。由于工作在路由(网关)模式,因此需要为 WAF 的转发接口配置 IP 地址以及路由。

路由代理模式需要对网络配置进行简单改动,要设置该设备内网口和外网口的 IP 地址以及对应的路由。WAF 工作在路由代理模式时,可以直接作为 Web 服务器的网关,但是此种模式存在单点故障问题,同时 WAF 要负责转发所有的流量。该种工作模式也不支持服务器负载均衡功能。

3. 反向代理模式

反向代理模式是指将真实服务器的地址映射到反向代理服务器上。此时代理服务器对外就表现为一个真实服务器。由于客户端访问的就是 WAF,此时 WAF 无须像其他模式(如透明和路由代理模式)一样采用特殊处理去劫持客户端与服务器的会话。当代理服务器收到 HTTP 的请求报文后,将该请求转发给对应的真实服务器。后台服务器接收到请求后,将响应先发送给 WAF 设备,由 WAF 设备再将应答发送给客户端。整个过程和透明代理模式的工作原理类似,唯一区别就是透明代理客户端发出请求的目的地址直接是后台服务器,所以透明代理工作方式不需要在 WAF 上配置 IP 映射关系。

反向代理模式需要对网络配置进行改动,配置相对复杂,除了要配置 WAF 设备自身的地址和路由外,还需要在 WAF 上配置后台服务器的真实 Web 地址和虚拟地址的映射关系。另外,如果原来的服务器地址就是全局地址(没经过 NAT 转换),那么通常还需要改变原有服务器的 IP 地址,并改变原有服务器的 DNS 解析地址。采用该模式的优点是可以在 WAF 上同时实现负载均衡。

2.3.2 旁路防护部署模式

大多数 Web 应用防火墙实际上透明串接部署在网络中,但是此种部署模式延时性较大,不适用于金融和教育等对网络可用性要求较高的领域,因此需要采用旁路部署模式。旁路防护部署模式典型拓扑如图 2-5 所示。

当 Web 应用防火墙旁路部署在网络中时,会将所有流量镜像到 Web 应用防火墙进行分析。当分析发现有 Web 攻击时,Web 应用防火墙会和核心交换机和网站服务器进行联动,以广播的形式通报这一流量是攻击行为,需要阻拦,这样就起到了旁路阻断的效果。此种部署模式延时性小,注重实时性。

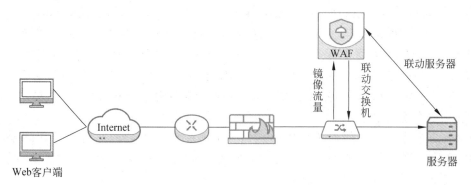

图 2-5 旁路防护部署模式典型拓扑

2.4 WAF 防护原理

2.4.1 Web 应用安全监测

WAF 通常以硬件或基于云服务器的形式提供给用户,用户可将 WAF 透明部署在客户网站服务器的前端来抵御 Web 渗透攻击。但是仅仅凭借 WAF 对企业网站应用进行保护是远远不够的,WAF 策略的配置时效性不足以应对当前诸多未知的威胁和 0day 攻击。近年来,随着云计算、大数据技术逐渐应用到安全领域,基于软件即服务(Software-as-a-Service,SaaS)模式的 Web 应用安全监测十分具有市场潜力,尤其是监管部门和政府相关单位对这种需求十分旺盛。

SaaS 是随着互联网技术的发展和应用软件的成熟,在 21 世纪兴起的一种完全创新的软件应用模式,客户按使用时间或使用量付费。这些应用软件通常是在企业管理软件领域,并通过互联网来使用。通常情况下的 SaaS 软件主要应用于客户关系管理(Customer Relationship Management,CRM)、人力资源管理(Human Resource Management,HRM)、供应链管理(Supply Chain Management,SCM)以及企业资源计划(Enterprise Resource Planning,ERP)等企业管理软件。

大型企业的公司组织结构通常是分布式的,实时监测并快速发现包含总部、分支机构的 Web 应用安全风险是非常重要的。基于 SaaS 模式的 Web 应用安全监测服务能够快速发现网站被植入恶意代码、网页被篡改、网络钓鱼等攻击行为。通过基于 SaaS 模式的 Web 应用安全监测,企业用户能够快速发现这些问题,大大提升 Web 应用安全管理能力。

基于 SaaS 提供的网站应用监测一方面能够实时发现基于 0day 漏洞的攻击,另一方面可以使威胁情报服务实时应用到 Web 应用的保障中,SaaS 网站应用监测服务将是未来 Web 安全厂商发展的一个方向。

基于 SaaS 模式的 Web 应用安全监测分为两种模式:一种是企业自建平台,由 Web 应用安全产品或解决方案提供商提供驻场或应急响应服务;另一种是直接购买 Web 应用安全产品或解决方案提供商，即管理安全服务提供商（Managed Security Service Provider，MSSP），提供基于 SaaS 模式的 Web 应用安全检测服务。国内大型企业级用户，如政府、金融、运营商等行业，对自身安全战略重视程度较高，通常选择在其内部 IT 系统中自建 Web 应用安全检测平台，实时发现 Web 应用中存在的入侵行为。而中小企业由于偏重于局部 IT 安全治理的原因，通常会选择托管服务模式，由 MSSP 提供在线的 Web 应用安全检测服务。

目前的 WAF 产品，如奇安信 Web 应用云防护系统，为用户网站提供了 SaaS 化云端网站安全防护服务，在云端建立了一道网站的防护屏障，实现 Web 防护与 CC 防护，基于云平台提供了"互联网＋"的网站防护。

2.4.2　双重边界

针对网站的安全问题，传统的网站安全解决方案有明显不足，传统方案的主线主要分为检测、防御和监测。检测方面使用盒式 Web 漏洞扫描器发现漏洞；防御方面使用 WAF 设备和抗 DDoS 设备实现大流量 DDoS 攻击防御和 Web 入侵防御；监测方面使用网站监控平台完成网页篡改、挂马的监测。

然而，随着目前网站的部署向云端迁移，传统盒式防护设备在云环境下无法部署，盒式抗 DDoS 设备也无法防御超出出口带宽的大流量 DDoS 攻击，WAF 设备会存在规则库更新不及时、无法防护最新漏洞、配置复杂且不易维护等问题。

为解决上述问题，人们提出了 Web 应用防火墙的双重边界这一概念。网站因需要与外界长期进行数据交互，部署在互联网之中，服务器的前端就可以理解为网站的边界。这里将边界定义为两道：第一道为逻辑边界，在互联网中通过 DNS 将流量迁移到云 WAF 进行过滤；第二道为物理边界，即在本地网中的 Web 应用防火墙。

通常 Web 应用防火墙会部署在服务器前端，所有攻击行为都会先由 Web 应用防火墙进行过滤，然后再到网站服务器，具体结构如图 2-6 所示。

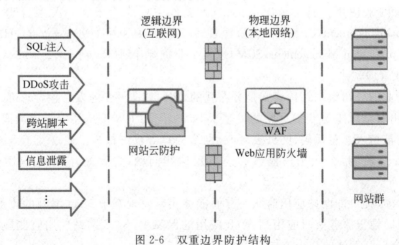

图 2-6　双重边界防护结构

互联网中大量的信息与流量的过滤可用网站云防护来解决，而本地的一些小流量和绕过攻击的过滤可用本地 WAF 解决。两道边界同时进行过滤,从而使网站获得双重保障。

逻辑边界中网站云防护系统的代表产品如奇安信安域,是一个 SaaS 化的云防护系统,主要保护网站免受 Web 攻击的安全威胁。奇安信安域系统由几千台服务器组成,包括几百台云 WAF 服务器、几百台 DDoS 流量清洗服务器、几百台缓存服务器以及流量调度服务器等。奇安信安域系统采用反向代理技术为网站提供反向代理替身防护,有效地隐藏了后端网站。

用户在接入安域系统之后,后端服务器的 IP 地址会被隐藏,攻击者无法直接看到服务器的 IP 地址,而看到的是安域系统的 IP 地址,这样可以避免攻击者直接对网站进行攻击。当攻击者对安域系统进行攻击的时候,安域系统可以对攻击进行有效拦截。

安域系统有两种接入方式:一种是 CNAME(Canonical Name)接入,另一种是 NS (Name Server)接入。CNAME 记录(即别名记录)允许将多个名字映射到同一台计算机。在 CNAME 接入方式中,用户只需要将 DNS 上的 A(Address)记录填写到安域系统中,A 记录用来指定主机名(或域名)对应的 IP 地址。然后安域系统会自动生成一个 CNAME 值,随后用户需删除 DNS 中的 A 记录,然后创建一条 CNAME 记录,并将 CNAME 值填入,即完成了接入。

在 NS 接入方式中,用户只需要将域名的 DNS 解析地址指向安域系统所提供的两个 DNS 地址,一个是主,一个是从,然后在安域系统中创建 A 记录,即完成了接入。

完成接入后,用户仍然先访问自己的 DNS,权威服务器的根域名会指向一个 CNAME 值,这个 CNAME 值在安域系统中,对应域名的 A 记录,即域名和 IP 地址的对应关系,即完成了域名解析,完成了流量的迁移。如果有攻击发生,安域系统会对攻击进行有效拦截和清洗,之后就将正常流量返回给用户的内部网络。安域系统形态及部署如图 2-7 所示。

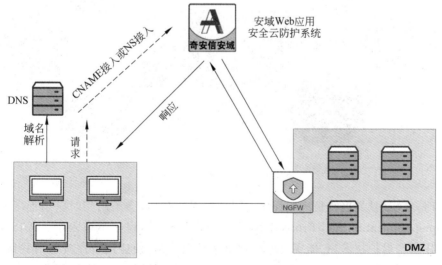

图 2-7　安域系统形态及部署

2.4.3 纵深防御体系

由于攻击是从外部到内部的,首先要经过互联网,在互联网上建立云防护平台,通过 DNS 引流的方式把所有流量迁移到云防护平台进行清洗、过滤,主要拦截大部分 CC (Challenge Collapsar)攻击和 Web 攻击行为。攻击者借助代理服务器生成指向受害主机的合法请求,实现 DDoS 和伪装,就是 CC 攻击。

攻击者可能通过某些技术手段绕过第一道防护,因此出现了第二道防护,在本地网络还会部署一个本地 Web 应用防火墙,将对成功绕过第一道防护的部分攻击行为,如 SQL 注入、跨站攻击、木马上传等,进行拦截。

如果攻击者植入了一个后门,成功绕过互联网、本地两道防护,要篡改或删除核心数据,这时第三道防护,即在 Web 服务器上安装网页防篡改软件就起到了作用。当该软件发现文件被篡改,或网站内容发生改变,就会第一时间对网站进行还原。

网页防篡改软件是 Web 应用防火墙产品中的一个主要功能模块。基于不同的网站,有 3 种不同的防护模式,分别为内核控制、本地备份和异地备份,如图 2-8 所示。内核控制实际上是对网站文件进行权限划分、黑白名单限制,明确哪些人可以访问,哪些程序可以添加,哪些文件不可以删除;本地备份是在一台服务器上建立 A、B 两个文件夹。A 文件夹用于对外进行访问,B 文件夹用于运维人员对内进行更新,A、B 两个文件夹的数据通过网页防篡改客户端同步;异地备份主要是针对信息安全等级保护三级的数据异地灾备,有 A 和 B 两台服务器,A 在发布区,B 在内网的隔离区里,运维人员在 B 服务器上进行维护更新,然后将数据通过网页防篡改客户端推送到 A 服务器,A 服务器对外提供访问服务。

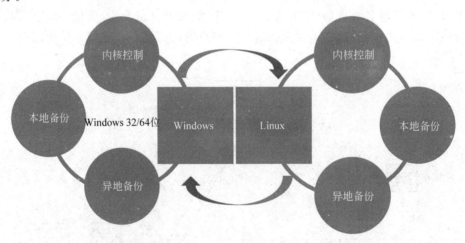

图 2-8 网页防篡改的 3 种模式

同时,在应用层,也就是应用程序访问数据库的时候,会采用实时应用程序自我保护(Runtime Application Self-Protection,RASP),保护应用程序不被入侵。RASP 是一种新型应用安全保护技术,它能实时检测和阻断安全攻击,使应用程序具备自我保护能力,当应用程序遇到特定漏洞和攻击时,不需要人工干预就可以自动重新配置以应对新的攻击,使程序能够自我监控和识别有害的输入和行为。

实时是 RASP 非常重要的特点,因为拥有应用程序的上下文,它不仅可以分析应用程序的行为,也可以结合上下文对行为进行分析,而且能持续不断地进行分析,一旦发现有攻击行为,能立刻进行响应和处理。

以上即为从外到内的纵深防御体系,从云端、本地网关、服务器软件贯穿成一条网络直线通向互联网,实现网站安全的纵深防御理念:首先是基于云端平台的防护与威胁情报,其次是本地 Web 应用防火墙的网站保护,最后是网页防篡改软件的文件保护。最终实现了集互联网、局域网、操作系统于一体的纵深防御体系。

思　考　题

1. 为什么要引入 Web 应用防火墙?
2. 简述 Web 应用防火墙的定义。
3. WAF 产品常见的五大功能是什么?
4. WAF 产品的基本特点有哪些?
5. 简述吞吐量、并发连接数、新建连接速率 3 个性能指标的概念。
6. 简述引入双重边界的原因。
7. 简述双重边界防护原理。

第3章

HTTP 校验和访问控制

超文本传输协议(HTTP)是应用最广泛的网络协议之一。本章介绍 HTTP 的基本原理,然后结合 HTTP 的基本知识讲述 HTTP 校验和访问控制的原理。

3.1.1 HTTP 简介

HTTP 是一种基于请求与响应模式交互数据的无状态协议。无状态是指协议对于事务处理没有记忆能力,连接关闭后服务器端不保留连接的有关信息。HTTP 是应用层协议,它是万维网(World Wide Web,WWW)上能够可靠地交换文件的重要基础。万维网访问网点的具体工作过程如图 3-1 所示。

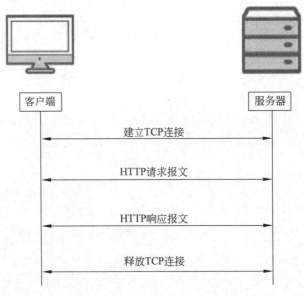

图 3-1 万维网访问网点工作过程

首先,Web 服务器会不断地监听服务器提供 HTTP 服务的 TCP 端口(默认的端口为80),检测客户端向服务器发出的连接建立请求。当服务器监听到连接建立请求并与客户端建立了 TCP 连接后,客户端向服务器发出浏览某个页面的请求,服务器就会返回客户端所请求的页面作为响应。当用户关闭本地浏览器或者结束网站访问时,服务器释放 TCP 连接。这种客户端和服务器之间请求和响应的交互必须按照规定的格式并且遵循一定的规则,这些格式和规则就是超文本传输协议。

3.1.2　统一资源定位符

万维网以客户端-服务器的方式工作,客户端向服务器发出请求,服务器向客户端返回客户端所需的万维网文档。在客户端浏览器中显示的万维网文档即平常所说的页面。那么客户端是如何定位分布在整个互联网上的万维网文档呢? 为解决这个问题,万维网使用统一资源定位符(Uniform Resource Locator,URL)标志万维网上的各个文档,并使每一个文档具有唯一的 URL。

URL 用来表示从互联网中得到的资源位置和访问这些资源的方法,即平常所说的"网址"。而这里所说的"资源"是指在互联网上可以被任何人访问的对象,包括文件目录、文件、图像和声音等。由此可见,URL 相当于一个文件名在网络范围的扩展,是互联网上任何可访问对象的指针。由于访问不同对象所使用的协议不同,URL 还需要指出读取某个对象时使用的协议。

URL 一般由以下 4 个部分组成:

```
<协议>://<主机>:<端口>/<路径>
```

当客户端访问万维网的网站时,需要使用 HTTP,此时 URL 的一般形式是

```
http://<主机>:<端口>/<路径>
```

其中 http 表示要通过 HTTP 来定位网络资源;"主机"是指该网站是在互联网中哪一台主机上,一般为主机在互联网上的域名或者 IP 地址;"端口"是指服务器监听的 TCP 端口号,HTTP 的默认端口号是 80,通常可以省略,当服务器监听的端口不是 80 的时候,则需要显式指定端口,例如 8080;"路径"是指该资源在服务器中的路径,若省略此项,则 URL 会指向网站的主页,例如 http://www.example.com,即访问某个网站的主页,并省略了默认端口号 80。

3.1.3　HTTP 请求

HTTP 报文分为请求报文和响应报文两种。HTTP 请求报文由请求行、请求头、请求实体 3 部分组成,具体结构如图 3-2 所示。

1. 请求行

请求行用于说明请求类型、要访问的资源以及所使用的 HTTP 版本。以一个方法符号开头,以空格分开,后面跟着请求的 URL 和协议的版本,格式如下:

```
Method URL HTTP-Version CRLF
```

其中,Method 表示请求方法,URL 是一个统一资源定位符,HTTP-Version 表示请求的 HTTP 版本,CRLF 表示回车和换行(除了作为结尾的 CRLF 外,不允许出现单独的 CR

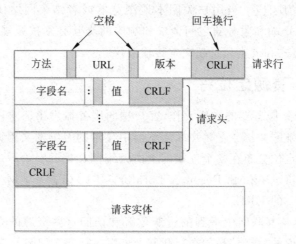

图 3-2 HTTP 请求报文

或 LF 字符）。

请求方法有多种，常用的方法有 GET、POST 和 HEAD。

（1）GET 方法：在浏览器的地址栏中输入网址来访问网页时，浏览器采用 GET 方法从服务器获取资源。GET /index. html HTTP/1.1 就表示它将要从服务器获取/index. html 的内容。

（2）POST 方法：被请求服务器需接收附在请求后面的数据，常用于提交表单。

（3）HEAD 方法：与 GET 方法几乎一样，对于 HEAD 请求的回应部分来说，它的 HTTP 头部中包含的信息与通过 GET 请求所得到的信息是相同的。利用 HEAD 方法，不必传输整个资源内容，就可以得到 URL 所标识的资源的信息。该方法常用于测试超链接的有效性、是否可以访问以及最近是否更新。

各个方法的解释如表 3-1 所示。

表 3-1 HTTP 请求方法

请求方法	说　　　明
GET	请求获取 URL 所标识的资源
POST	在 URL 所标识的资源后附加新的数据
HEAD	请求获取由 URL 所标识的资源的响应消息报头
PUT	请求服务器存储一个资源，并用 URL 作为其标识
DELETE	请求服务器删除 URL 所标识的资源
TRACE	请求服务器回送收到的请求信息，主要用于测试或诊断
CONNECT	保留将来使用
OPTIONS	请求查询服务器的性能，或者查询与资源相关的选项和需求
PATCH	请求更改部分文档

除了表 3-1 介绍的 HTTP 请求方法，WebDAV 等基于 HTTP 的通信协议还拓展了 HTTP，在 GET、POST、HEAD 等 HTTP 标准方法以外添加了一些新的方法，例如 PROPFIND(查看文件属性)、PROPPATCH(设置文件属性)、MKCOL(创建文件集合)、COPY(文件复制)、MOVE(文件移动)、LOCK(文件加锁)、UNLOCK(文件解锁)等，使应用程序可直接对 Web 服务器进行读写。

2. 请求头

紧接着请求行之后的部分是请求头。请求头允许客户端向服务器传递请求的附加信息以及客户端自身的信息，例如请求的目的地等。请求头的详细讲解见 3.1.5 节。

3. 请求实体

请求实体也叫请求数据、正文，此处可以添加任意的其他数据。

3.1.4　HTTP 响应

在接收到 HTTP 请求报文后，服务器会返回一个 HTTP 响应报文。HTTP 响应报文由状态行、响应头、响应实体 3 部分组成，其具体结构如图 3-3 所示。

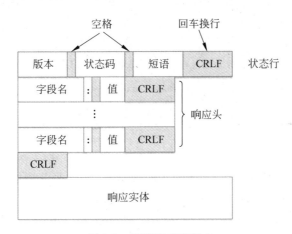

图 3-3　HTTP 响应报文

1. 状态行

状态行由 HTTP 版本号、状态码、描述状态的短语 3 部分组成。格式如下：

```
HTTP-Version Status-Code Reason-Phrase CRLF
```

其中，HTTP-Version 表示服务器 HTTP 的版本，Status-Code 表示服务器发回的响应状态码，Reason-Phrase 表示状态代码的文本描述。

状态码由 3 位数字组成，左侧第一位数字定义了响应的类别，有 5 种可能取值，具体说明如表 3-2 所示。

表 3-2　状态码取值说明

状态码	说　明
1××	指示信息。表示请求已被接收,继续处理
2××	成功。表示请求已被成功接收、理解并接受
3××	重定向。表示要完成请求必须进行更进一步的操作
4××	客户端错误。表示请求有语法错误或请求无法实现
5××	服务器端错误。表示服务器未能实现合法的请求

常见状态码及状态描述短语如表 3-3 所示。

表 3-3　常见状态码及状态描述短语

状态码及状态描述短语	说　明
200 OK	客户端请求成功
400 Bad Request	客户端请求有语法错误,不能被服务器所理解
401 Unauthorized	请求未经授权,这个状态代码必须和 WWW-Authenticate 报头域一起使用
403 Forbidden	服务器收到请求,但是拒绝提供服务
404 Not Found	请求资源不存在,例如输入了错误的 URL
500 Internal Server Error	服务器发生不可预期的错误
503 Server Unavailable	服务器当前不能处理客户端的请求,一段时间后可能恢复正常

2. 响应头

响应头允许服务器传递 HTTP 响应的附加信息、关于服务器的信息和对 URL 所标识的资源进行下一步访问的信息。响应头的详细讲解见 3.1.5 节。

3. 响应实体

响应实体即服务器返回资源的内容。

3.1.5　HTTP 消息

HTTP 消息又称 HTTP 头(HTTP header),包括普通头、请求头、响应头、实体头 4 部分。其一般结构如图 3-4 所示。

图 3-4　HTTP 头结构示意图

1. 普通头

在普通头中,有少数报头用于所有的请求和响应消息,但并不用于被传输的实体,只用于传输的消息。

请求时的缓存指令包括 no-cache(用于指示请求或响应消息不能缓存)、no-store、max-age、max-stale、min-fresh、only-if-cached。

响应时的缓存指令包括 public、private、no-cache、no-store、no-transform、must-revalidate、proxy-revalidate、max-age、s-maxage。

常用的 HTTP 普通头如下：

- Cache-Control：用于指定缓存指令。缓存指令是单向的(响应中出现的缓存指令在请求中未必会出现)，且是独立的(一个消息的缓存指令不会影响另一个消息处理的缓存机制)。
- Date：表示消息产生的日期和时间。
- Connection：允许发送指定连接的选项。例如指定连接是连续的，或者指定 close 选项，通知服务器在响应完成后关闭连接。

2. 请求头

请求头只出现在 HTTP 请求中，请求头允许客户端向服务器传递请求的附加信息以及客户端自身的信息。

常用的 HTTP 请求头如下：

- Host：主要用于指定被请求资源的 Internet 主机和端口号，它通常从 HTTP URL 中提取出来的，例如 Host：www. example. com：88。
- User-Agent：允许客户端将它的操作系统、浏览器和其他属性告诉服务器。某些网站能列出用户的操作系统名称和版本，用户所使用的浏览器的名称和版本其实是服务器从 User-Agent 请求头中获取的，例如 User-Agent：My privacy。
- Referer：包含一个 URL，代表当前访问 URL 的上一个 URL。例如 Referer：www. example. com/login. php，代表用户从 login. php 来到当前网页。
- Cookie：是一段明文显示的文本信息，常用来表明请求者身份等。Cookie 的详细讲解见 3. 1. 6 节。
- Range：可以请求正文的部分内容，多线程下载一般会用到此请求头。例如 Range：bytes＝0～499，表示正文头为 500B。
- x-forward-for：即 XXF 头，它代表请求端的 IP，可以有多个，中间使用逗号隔开，例如 x-forward-for：127. 0. 0. 1。
- Accept：用于指定客户端接受哪些 MIME 类型的信息。例如，Accept：image/gif，表明客户端接受 GIF 图像格式的资源；Accept：text/html，表明客户端接受 HTML 文本。
- Accept-Charset：用于指定客户端接受的字符集，例如 Accept-Charset：gb2312。
- Accept-Language：用于指定客户端接受的语言，例如 Accept-Language：zh-cn。
- Accept-Encoding：用于指定客户端接受的内容编码，例如 Accept-Encoding：gzip. deflate。

3. 响应头

响应头允许服务器传递响应的附加信息、关于服务器的信息和对 URL 所标识的资源进行下一步访问的信息。

常用的 HTTP 响应头如下：

- Location：用于重定向接收者到一个新的位置，服务器在接收到这个请求后会立刻访问 Location 响应头指向的页面，常配合 302 状态码使用。
- Server：包含服务器用来处理请求的软件信息，与 User-Agent 请求头相对应，例如 Server：Apache-Coyote/1.1。
- Refresh：服务器通过该响应头告诉浏览器定时刷新。
- Set-Cookie：用于指定服务器向客户端设置 Cookie。

4. 实体头

请求和响应消息都可以传送一个实体。实体头定义了关于实体正文和请求所标识的资源的元信息。元信息也就是实体内容的属性，包括实体信息类型、长度和压缩方法等。常用的 HTTP 实体头如下：

- Content-Type：用于指明发送给接收者的实体正文的媒体类型，例如 Content-Type：text/html；charset＝GB2312。
- Content-Encoding：被用作媒体类型的修饰符，它的值指示了已经被应用到实体正文的附加内容的编码，因而要获得 Content-Type 实体头中所引用的媒体类型，必须采用相应的解码机制，例如 Content-Encoding：gzip。
- Content-Language：描述了资源所用的语言，例如 Content-Language：zh-cn。
- Content-Length：说明实体正文的长度，以字节数的十进制来表示。
- Last-Modified：说明资源的最后修改日期和时间。
- Expires：给出响应过期的日期和时间。为了让代理服务器或浏览器在一段时间以后更新缓存中的页面（再次访问曾访问过的页面时，直接从缓存中加载，可以缩短响应时间和降低服务器负载），可以使用 Expires 实体头域指定页面过期的时间。

3.1.6　Cookie

因为 HTTP 是一个无状态的协议，所以一旦数据交换完毕，客户端与服务器的连接就会关闭，再次交换数据时需要建立新的连接，这意味着服务器无法从连接上跟踪会话。即，用户 A 购买了一件商品放入购物车内，当再次购买商品时服务器已经无法判断该购买行为是属于用户 A 的会话还是用户 B 的会话了。要跟踪会话，必须采用 Cookie 机制。

Cookie 实际上是一小段文本信息。在客户端访问服务器之后，服务器会根据不同的情况，在 HTTP 响应头中置入 Set-Cookie 通知客户端设置 Cookie。客户端浏览器会以"名称＝值"的形式在本地保存 Cookie。在每次进行 HTTP 会话时，Cookie 都会作为一个字段明文放置在 HTTP 头中，以此传递用户的状态。

Set-Cookie 的一般形式如下：

```
Set-Cookie:NAME=VALUE[;domain=DOMAIN][;path=PATH][;max-age=AGE][;expire=
EXPIRE][;secure][;HttpOnly]
```

具体示例如下：

```
Set - Cookie: key1 = example; domain =. example. com; path =/example; expire =
```

Wednesday, 19-OCT-05 23:12:40 GMT;[secure]

其中,第一部分是"名称=值"数据对,这部分不能省略;domain 部分指定 Cookie 被发送到哪个服务器主机,假设 domain=.example.com,则 Cookie 会发送到 *.example.com 上,如果 domain 为空,则 domain 与当前网站相同;path 部分控制哪些访问能够触发该 Cookie 的发送,如果未指定 path,Cookie 将对全站生效;expire 部分指明了 Cookie 失效的时间,如果未指定 expire,Cookie 只会持续到本次会话结束,但是现已被 max-age 取代;如果指定了 secure,那么 Cookie 只能通过安全通道传输(即 SSL 通道),否则浏览器将会忽略此 Cookie;而在支持 HttpOnly 的浏览器中,JavaScript 无法读取和修改 HttpOnly Cookie,这样可以让 Cookie 免受脚本攻击。

Cookie 中可以包含除了逗号、分号、空格之外所有可打印的 ASCII 字符。除了服务器端的设置,浏览器中的脚本也可以通过给对象 document.cookie 赋值来设置页面的 Cookie。

在客户端浏览器设置完 Cookie 后,下次访问资源的时候服务器就可以识别用户,从而实现了状态的传递。而客户端也可以读取 Cookie 中的内容,将 Cookie 作为和服务器共享数据的工具。

3.2 HTTP 校验

HTTP 的使用极为广泛,但是却存在不小的安全缺陷。HTTP 在设计时并未考虑信息的加密和验证,因此 HTTP 面临着数据的明文传输和缺乏对消息完整性的验证机制两个问题。类似网银支付、账号登录等需要安全保证的地方,如果使用 HTTP 可能会导致严重的信息泄露风险。

在 HTTP 的数据传输过程中,只要攻击者能够控制受害者网络,便可以轻易地嗅探、修改 HTTP 传输的内容。另外,HTTP 在传输客户端请求和服务器响应时,仅仅在报文头部包含了传输的数据的长度(数据长度这一栏也可以被攻击者任意修改),而没有任何校验数据完整性的机制,这使得它极容易受到攻击者的篡改。

由于 HTTP 请求是由客户端发起的,因此 HTTP 请求相较于 HTTP 响应更容易受到攻击者的篡改。当大量畸形的 HTTP 请求数据包攻击服务器时,将影响服务器对正常请求的反应速度,严重的甚至会造成服务器缓冲区溢出或者服务器瘫痪。例如,HTTP Split 攻击利用了服务器处理 HTTP 格式的机制漏洞,向 HTTP 数据包中注入 CRLF,从而将当前的 HTTP 数据隔断成两个数据包,使攻击者有机会控制当前的 HTTP 响应和下一次的 HTTP 响应。

因此为了加强 HTTP 数据传输的安全,可以引入 Web 应用防火墙对 HTTP 的请求进行异常检测,即进行 HTTP 校验。

通过 WAF 可以设置 HTTP 包头各字段的长度限值、个数限值等,进行细粒度的 HTTP 校验。当客户端向服务器发起请求时,WAF 引擎获取标准头中的数据,对源 IP 对象向服务器 IP 对象的请求进行校验,然后将规则中设定了限值的实际值和限值比较,如果大于限值,则说明可能遭受了畸形 HTTP 包的攻击。

针对 HTTP 请求报文整体,可以对参数个数、HTTP 请求最大长度、请求行的最大长度、头信息最大个数、消息体实际长度等进行校验;针对 HTTP 请求行,可以检测 URL 的最大长度、参数最大个数、参数最大长度;针对 HTTP 请求头,可以对各种常用请求头的个数及长度进行限制;同时也可以检查 HTTP 的版本号和请求方法、HOST 域是否为空、POST 请求消息报头中的 content_length 是否为空等。

3.3　HTTP 访问控制

访问控制(access control)是指系统对用户身份及其所属的预先定义的策略组限制其使用数据资源能力的手段,通常用于系统管理员控制用户对服务器、目录、文件等网络资源的访问。

访问控制是系统机密性、完整性、可用性和合法使用性的重要基础,是网络安全防范和资源保护的关键策略之一,也是主体依据某些控制策略或权限对客体本身或其资源进行的不同授权访问。访问控制的主要目的是限制访问主体对客体的访问,从而保障数据资源在合法范围内得以有效使用和管理。抽象地说,即限制某个主体对某个客体实施某种操作。

建立访问控制模型和实现访问控制都是抽象和复杂的行为,实现访问的控制不仅要保证授权用户使用的权限与其所拥有的权限对应,制止非授权用户的非授权行为;还要保证敏感信息的交叉感染。访问控制的实现首先要考虑对合法用户进行验证,然后对控制策略进行选用与管理,最后对非法用户或是越权操作进行管理。

HTTP 访问控制主要是针对网络层的访问控制,通过配置面向对象的通用包过滤规则实现控制域名以外的访问行为。具体的访问控制分为以下 3 类:

(1) 对访问者访问的 URL 的控制,允许或不允许访问设定的 URL 对象。即防止合法用户对受保护的网络资源进行非授权的访问。为保障系统内部信息的机密性与完整性,减少关键信息丢失或被修改的风险,管理员应根据业务的需要对服务器内的关键资源所在的 URL 进行访问控制。

(2) 对访问者的 HTTP 方法的控制,允许或不允许设定的 HTTP 方法访问。即对越权操作进行管理。只是获取信息而不会更改服务器状态的方法是安全的。例如 HEAD、GET、OPTIONS 和 TRACE 一般被认为是安全的方法;而 POST、PUT、DELETE 和 PATCH 由于可能会改变服务器状态,所以一般被认为是不安全的;WebDAV 拓展的 HTTP 方法由于涉及文件的读写,也被认为是不安全的。

(3) 对访问者的 IP 的控制,允许或不允许设定的 IP 对象访问。即保证合法用户访问受权保护的网络资源,防止非法的主体访问受保护的网络资源。对访问者的 IP 进行控制能有效地防御分布式拒绝服务(Distributed Denial of Service,DDoS)攻击。DDoS 攻击是指借助于客户/服务器技术,将多个计算机联合起来作为攻击平台发动拒绝服务 (Denial of Service, DoS)攻击,从而成倍地提高拒绝服务攻击的威力。在向目标系统发起的恶意攻击请求中,会随机生成大批假冒源 IP。一般而言,任何进入内部网络的数据包都不能把网络内部的地址作为源地址,任何进入内部网络的数据包都必须把网络内部的地址作为目的地址,任何离开内部网络的数据包都必须把网络内部的地址作为源地址,任何离开内部网络的数据包都不能把网络内部的地址作为目的地址。

思　考　题

1. HTTP 的 URL 的一般格式是什么?
2. CRLF 是指什么? 简述 HTTP 响应报文的结构。
3. 写出 5 种 HTTP 请求方法,并简述其作用及安全性。
4. 第一个数字为 4 的状态码表示什么? 404 Not Found 具体表示什么?
5. 分别说明 Referer、Host、Set-Cookie 是哪种类型的 HTTP 头,并简述它们的作用。
6. Set-Cookie 的一般形式是什么?
7. 写出 5 个 HTTP 的校验的对象及限制。
8. HTTP 访问控制主要对 TCP/IP 的哪一层进行访问控制? 具体可以分为哪几类?

第4章

Web 防护

Web 应用都必须由 Web 服务器提供支撑，Web 服务器是构建和支持各类网站和信息系统的最重要的基础设备之一。随着 Web 应用的普及和发展，针对 Web 服务器的各种攻击手段也层出不穷，攻击者通过入侵 Web 服务器窃取 Web 服务器后台数据库中数据的网络安全事件屡屡发生，因此 Web 服务器的安全防护至关重要。本章主要介绍 Web 应用常见的 SQL 注入、跨站脚本攻击、跨站请求伪造、恶意流量、文件上传和下载等攻击的原理、检测和防范措施，同时介绍 Web 服务器敏感信息泄露和弱口令的原理、检测及防范措施。

4.1　弱密码

弱密码(weak password)也称弱口令，即容易破解的密码，通常是简单的数字组合、键盘上的邻近键或用户常用信息，例如 123456、abc123、qwerty 等。终端设备出厂配置的通用密码等也属于弱密码，例如网络设备出厂时设置的管理员初始密码为 admin，而用户在使用的过程中未修改管理员的初始密码。在设备的操作使用手册中会介绍设备的用户名和初始密码，如果用户在使用的过程中不修改用户的初始密码，系统就极易遭受攻击。表 4-1 列举了一些国内外常见的弱密码和用户名。

表 4-1　常见的弱密码和用户名

中国常见弱密码	000000、111111、11111111、112233、123123、123321、123456、12345678、654321、666666、888888、abcdef、abcabc、abc123、a1b2c3、aaa111、123qwe、qwerty、qweasd、admin、password、p @ ssword、passwd、iloveyou、5201314、asdfghjkl、66666666、88888888
国外常见弱密码	password、123456、12345678、qwerty、abc123、monkey、1234567、letmein、trustno1、dragon、baseball、111111、iloveyou、master、sunshine、ashley、bailey、passw0rd、shadow、123123、654321、superman、qazwsx、michael、football、asdfghjkl
系统常见用户名	admin、administrator、apache、root、backup、cyrus、ftp、guest、oracle、test、user、tester、www、Web、server、toor、Webmaster、student、students、postgres、mysql、nagios、info、server

4.1.1　弱密码攻击

长期以来，弱密码一直是各项安全检查、风险评估报告中最常见的高风险安全问题，成为攻击者控制系统的主要途径。由于大部分安全防护体系是基于密码的,如果密码被破解,就意味着其安全体系的全面崩溃。

弱密码漏洞有三大特点:

(1) 危害大。弱密码漏洞是目前最为高危的安全漏洞之一,当系统的管理员口令是弱密码时,攻击者可利用管理员用户的弱密码进入系统,从而控制整个系统。

(2) 易利用。弱密码也是最容易被利用的安全漏洞之一,攻击者只需要利用简单的IE 浏览器或者借助简单的工具技能就能对此种类型的漏洞进行利用。

(3) 修补难。如果系统的弱密码没有固化在固件中,是可以修改的,此种类型的弱密码修补成本非常低,管理人员可以随时修改。但是往往由于用户的安全意识比较差,没有及时修改弱密码,从而导致弱密码被攻击者利用。如果管理员的弱密码被固化在固件中,弱密码的修补成本就比较高。很多已经售出的产品修改弱密码的成本更高。

弱密码攻击的方法主要有以下 9 种:

(1) 社会工程学(social engineering),通过人际交往这一非技术手段,以欺骗、套取的方式来获得密码。避免此类攻击的对策是加强用户安全意识。

(2) 猜测攻击。首先使用密码猜测程序进行攻击。密码猜测程序往往根据用户定义密码的习惯猜测用户密码,像名字缩写、生日、公司名等。在详细了解用户的社会背景之后,攻击者可以列举出几百种可能的密码,并在很短的时间内就可以完成猜测攻击。

(3) 字典攻击。如果猜测攻击不成功,入侵者会继续扩大攻击范围,对所有英文单词进行尝试,程序将按序取出一个又一个的单词,进行一次又一次尝试,直到成功。

(4) 穷举攻击。如果字典攻击仍然不能够成功,入侵者会采取穷举攻击。利用穷举法暴力破解是较多的弱密码检查工具(如 Cain and Abel 或者其他破解工具)采用的方法。为了避免计算量过大和破译时间太长,这些破解工具通常会使用密码字典,只对字典里的密码进行尝试。

(5) 混合攻击,结合了字典攻击和穷举攻击,先进行字典攻击,再进行穷举攻击。

(6) 直接破解系统的密码文件。入侵者会寻找目标主机的安全漏洞和薄弱环节,盗取存放系统密码的文件,然后破译加密的密码,以便冒充合法用户访问这台主机。

(7) 网络嗅探。通过嗅探器(sniffer)在局域网内嗅探明文传输的密码字符串。避免此类攻击的对策是网络传输采用加密传输的方式进行。

(8) 键盘记录。在目标系统中安装键盘记录后门,记录操作员输入的密码字符串。很多间谍软件、木马等都采用这种方法盗取密码。

(9) 其他攻击方式,包括中间人攻击、重放攻击、生日攻击、时间攻击等。

4.1.2　弱密码检测

从检测方法来看,Web 应用系统的弱密码检测可以分为白盒检测和黑盒检测两类方法。

对于弱密码检测来说,白盒检测是指通过直接查询数据库的方法,将存放用户名和密码的表数据提取出来,然后将查询到的用户密码与事先定义好的弱密码字典进行匹配,检查是否存在弱密码的情况。这类方法可以对应用系统弱密码情况进行全面排查,做到无遗漏、无死角,且检测效率高。但这类方法由于需要直接连接数据库,因此无法进行远程操作,且要求测试者对应用系统的数据库信息和表结构非常清楚。

黑盒检测则是一类更为常见的弱密码检测方法。相对于白盒检测,黑盒检测是基于数据驱动的测试,这种检测不需要了解软件系统的内部情况、逻辑结构等,只需知道程序的输入输出接口和主要功能即可。穷举法(暴力破解)是弱密码黑盒检测的一种主要方法,其原理是利用应用系统的登录接口,对所有符合弱密码条件的用户密码进行逐一验证,如果其中某种情况能够登录成功,则说明该账号存在弱密码情况。这类方法的优势是简单、方便,可远程操作。其缺点是容易受到应用系统的登录限制,例如,如果应用系统具备登录失败锁定功能,则穷举法将无法实施。

4.1.3　弱密码防范

360 安全中心针对中国网民密码使用习惯发布了"密码安全指南",建议网民从以下 4 个方面保护账号安全:

(1) 尽量使用"字母＋数字＋特殊符号"形式的高强度密码。

(2) 网银、网上支付、常用邮箱、聊天账号单独设置密码,切忌"一套密码到处用"。

(3) 按照账号重要程度对密码进行分级管理,重要账号定期更换密码。

(4) 避免以生日、姓名拼音、手机号码等与身份隐私相关的信息作为密码,因为攻击者针对特定目标破解密码时,往往首先试探此类信息。

要有效防范弱密码攻击,首先要选择一个好的密码,并且要注意保护密码的安全。好密码是防范弱密码攻击的最基本、最有效的方法。最好采用字母、数字、标点符号和特殊字符的组合,同时有大小写字母,长度最好达到 8 个以上,绝对不要用易于被他人获知的信息作密码。

注意保护密码安全。不要将密码记在纸上或存储于计算机文件中;最好不要将自己的密码告诉其他人;不要在不同的系统中使用相同的口令;在输入口令时应确保无人在身边窥视;在公共上网场所(如网吧等处)最好先确认系统是否安全;定期更改口令,至少 6 个月更改一次,这会使遭受口令攻击的风险降到最低。

目前,Web 应用防火墙也具有弱密码的检测及防护功能,当 WAF 检测到系统中存在的弱口令时,会将弱口令转换为复杂口令展示给用户,但实际交互的还是原口令。

4.2　SQL 注入

注入(injection)类漏洞是 Web 应用系统中最常见的安全漏洞。注入类漏洞的共同特点是 Web 应用程序对用户输入的参数未做输入验证和过滤处理就输出到相应的请求对象中存储或执行,从而给 Web 服务器、应用系统和数据库带来安全隐患。

SQL 注入漏洞是危害性很大的一种注入类漏洞。攻击者利用 SQL 注入漏洞可从数据库中获取敏感信息,在数据库中添加数据库操作用户,从数据库中导出文件,甚至获取数据库系统的管理员权限。

4.2.1　SQL 注入攻击原理

Web 应用系统普遍采用三层架构,即由表示层、业务逻辑层和数据层组成,如图 4-1 所示。其中数据层为后台数据库系统,SQL 注入攻击的对象主要是后台数据库系统。

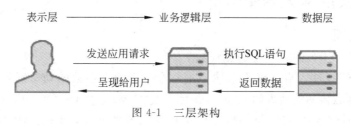

图 4-1　三层架构

SQL 注入漏洞主要存在于动态网站的 Web 应用系统中。攻击者将恶意的 SQL 语句插入表单的输入域或网页请求的查询字符串中提交给 Web 服务器。如果 Web 应用程序没有对用户的输入进行检查和过滤,在接收后将攻击者的输入作为原始 SQL 查询语句的一部分,则会改变程序原始的 SQL 查询逻辑,从而执行攻击者构造的 SQL 查询语句,产生严重的后果,如图 4-2 所示。

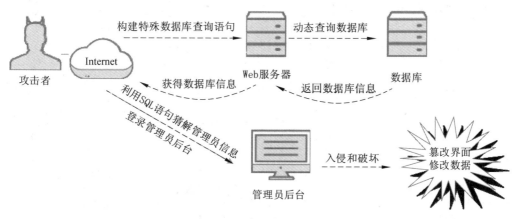

图 4-2　SQL 注入攻击示意图

SQL 注入攻击具有如下特点:

(1) 普遍性。SQL 注入攻击利用了 SQL 语法,只要 Web 应用程序对输入的 SQL 语法未做安全检查和过滤处理,就可能存在 SQL 注入漏洞。在基于三层架构的 Web 应用系统中,使用 SQL 语言的数据库非常普遍,即它们都可能存在 SQL 注入漏洞,受到 SQL 注入攻击的威胁。

(2) 隐蔽性。SQL 注入攻击通过用户输入来构造新的 SQL 语句,以获取信息和对 Web 服务器进行非法操作的权限,因此其操作与正常的 Web 网页访问没有区别,非常隐蔽,一般的防火墙等防护设施不会对它进行拦截或发出警告。

(3) 简单性。SQL 注入攻击方法比较简单,易学易用,攻击者不必具备太多的 SQL 注入攻击的知识和技术,只要从互联网下载一些 SQL 注入软件工具,这些工具基本都是图形化界面,使用这些工具即可轻易地对存在 SQL 注入漏洞的 Web 网站进行攻击。

（4）危害性。SQL 注入漏洞的危害性是显而易见的，如果一个 Web 应用系统遭受 SQL 注入攻击，轻则 Web 网站内容被篡改，泄露敏感信息，重则 Web 服务器被植入木马，被攻击者所控制。

4.2.2　SQL 注入漏洞利用

1. 攻击流程

一般情况下，SQL 注入攻击的流程如下。

（1）探测 SQL 注入点。SQL 注入点通常存在于含有参数的动态网页中。常见的探测方法是在有参数传递的地方输入参数，并且添加"'"、永真式 and 1＝1 或永假式 and 1＝2 等语句。如果浏览器返回错误信息，则说明对输入未做处理；如果添加 and 1＝1 和 and 1＝2 时浏览器返回的结果不同，则说明存在 SQL 注入点。

（2）判断数据库类型。攻击者根据不同的数据库类型采取不同的攻击方式。

（3）提升权限，进一步攻击。攻击者在确定数据库的相关信息并获取权限后，就会开始攻击。例如，攻击者可以随意添加和修改管理员账号、修改网站内容、开放远程终端服务、利用上传功能植入木马程序等，并通过这些手段最终取得对服务器的控制。

图 4-3 展示了 SQL 注入攻击的流程。

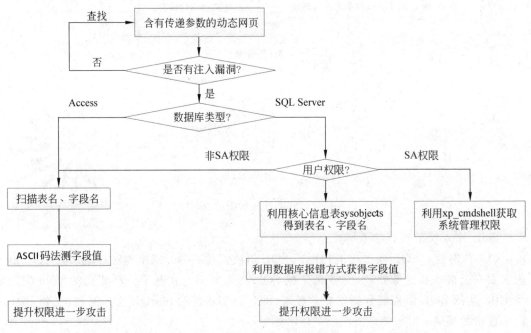

图 4-3　SQL 注入攻击的流程

2. 注入方式

SQL 注入攻击主要有以下 3 种注入方式：

（1）利用用户输入注入。攻击者利用用户输入来注入 SQL 语句。通过 HTTP 的 GET 和 POST 请求处理用户输入的 Web 应用程序更容易受到 SQL 注入攻击。Web 应用程序使用用户输入来构造 SQL 查询,然后提交给数据库。

(2) 利用 Cookies 注入。Cookies 文件包含 Web 应用程序生成的状态信息并将其存储在客户端,当客户端再次访问这个 Web 应用程序时,Cookies 会返回存储的状态信息,即客户端可以完全控制 Cookies 中存储的内容。如果一个 Web 应用程序使用 Cookies 中的内容来构造 SQL 查询,则攻击者可以轻易地将恶意的 SQL 语句注入 Cookies 中,并提交给 Web 应用程序。

(3) 利用系统变量注入。系统变量包含了 HTTP、网络 Header 和环境变量,Web 应用程序需要使用这些变量。

3. 攻击方式

SQL 注入攻击方式有很多种,但本质上都是由 SQL 语言的属性来决定的。

(1) 重言式攻击。这是黑客常用的实现 SQL 注入攻击的技术之一。Web 系统中采用的典型的用户登录认证处理是由用户提供用户名和口令,Web 应用程序利用用户输入动态地构造以下 SQL 查询语句:

```
Query="SELECT * FROM account WHERE username ='"
+request.getParameter("username")+" ' AND password=
'"+request.getParameter("password " ) +"'"
```

在上述 SQL 查询语句的动态构造处理过程中,Web 应用程序只是利用拼接操作+将等号右边的 4 个部分看成无任何结果的字符序列,将其连接在一起,形成一个字符串。此时,假设黑客攻击者提供这样的输入:在用户名域输入 abc,在口令域输入

```
" ' OR  '1'  ='1";
```

此时,Web 应用程序拼接得到一个其条件表达式为重言式的 SQL 查询语句,如下:

```
SELECT * FROM account WHERE username ='abc' AND password =' ' OR  '1' =' '1'
```

上述处理使得数据库把 WHERE 后面的句子解释为条件语句,这样就把 OR 1=1 子句包含了进去,成功实现了重言式的构造,使得数据库返回所有用户在数据库中的记录。攻击者还可以利用重言式攻击插入修改和破坏数据库表格的多种查询命令,造成极其严重的后果。

(2) 非法或逻辑错误查询攻击。该攻击的原理是识别可攻击的参数、分析数据库的关系结构、提取数据等。攻击者通过这种攻击收集 Web 应用程序后台数据库的类型和结构等信息,为实施其他攻击建立前提条件。攻击者尝试注入语句导致数据库出现语法错误、类型错误或者逻辑错误,语法错误可以用来判别可注入参数,类型错误可以用来推断某一列的数据类型和提取数据,逻辑错误可能泄露表名和列名。利用这些信息,攻击者可以实施进一步攻击。

(3) 联合(union)查询攻击。该攻击的原理是绕过身份验证机制来提取数据。攻击者通过构造联合查询,将注入的查询语句插入正常的 SQL 语句中,从而获得希望得到的信息。

(4) 附带查询攻击。该攻击的原理是提取、增加和修改数据库中的数据,实现拒绝服务攻击和远程命令执行。在这种攻击中,攻击者尝试在原有的查询语句中加入新的查询

语句,与其他攻击类型不同的是,它不改变原有的查询语句,而是在原来的查询语句后面"附带"查询语句。这种攻击一般依赖于数据库配置,需要数据库配置为支持在单个字符串中包含多个查询语句。

(5)利用存储过程攻击。该攻击的原理是扩大权限,实施服务器拒绝服务攻击和远程命令执行。这种攻击是通过执行数据库中存在的存储过程来达到目的。大多数的数据库系统为了实现与操作系统的交互,扩展数据库的功能,都会使用一系列标准存储过程。因此,只要攻击者确定了应用后台数据库的类型,就可以构造命令来执行数据库所提供的存储过程。一些程序员有一种错误的观念,以为使用存储过程可以避免 SQL 注入攻击。事实上,存储过程和普通的程序一样,都存在着安全风险,并且存储过程一般都是用特定的脚本语言编写的,因此它可能包含其他类型的漏洞,如缓冲区溢出漏洞等。

(6)推断攻击。该攻击的原理是识别可注入的参数,提取数据,识别数据库策略。这种攻击针对数据库构造查询,查询得到的结果一般都是真或者假。攻击者之所以采用这种攻击方法,主要的原因是网站管理员对数据库进行了安全设置,使用非法或逻辑错误的查询方式无法得到数据库返回的出错信息,也就无法获得数据库的相关信息。推断攻击方法有两种:SQL 盲注入和时间盲目注入。SQL 盲注入是由于网站并不会返回具体的数据或信息,只能通过对参数进行不同输入得到相应结果来判断此参数是否可以注入;时间盲目注入是当页面不返回任何错误信息或者不会输出联合查询注入所查出来的数据信息时,通过使用数据库中可以延长响应时间的函数来进行信息获取。在 MySQL 中,使用 BENCHMARK()或者 SLEEP()函数重复执行某一操作或使执行操作睡眠一定时间。例如以下查询:

```
SELECT BENCHMARK(10000000,ENCODE('hello', 'goodbye'))
```

便会因为执行大量的编码操作而延缓返回的时间,攻击者可以在 SQL 语句中添加条件判断,通过每次请求的时间来判断结果。

(7)替换编码攻击。该攻击的原理是躲避编码安全性检测系统的检测。一般的编码安全性检测系统都会对已知的恶意字符进行检测,如单引号和注释符等。为了躲避这种检测机制,就出现了替换编码攻击方式,它经常与其他攻击方式结合起来使用。

4.2.3　SQL 注入漏洞检测

SQL 注入漏洞检测有以下几种方法:基于源代码复查的静态检测方法,基于渗透测试的动态检测方法和基于文档对象模型(DOM)的检测方法。

静态检测方法可有针对性地对代码依赖关系进行分析,对变量和数据流进行跟踪,其方法主要有 3 种:基于字符串的模式匹配法、词法标记匹配法和基于抽象语法的数据流分析法。源代码复查方法在复查代码上具有较高的检查效率,但缺点是误报率和漏报率都比较高,并且需要有经验的程序员进行复查。

动态检测方法主要采用渗透测试技术,通过查找网页中的注入点,构建相应的测试用例,对 Web 应用系统进行测试,通过分析 Web 服务器的响应信息来验证是否存在 SQL 注入漏洞。由于动态检测方法限制条件少,针对性强,检测准确率高,更适合对 Web 应用系统进行安全性检测。

　　基于文档对象模型(DOM)的检测方法,通过分析目标网页的 DOM,找出向 Web 服务器提交数据的 URL、Form 和 Cookies,形成注入点列表。在此基础上依次构建相应的测试用例,通过对 Web 服务器响应数据进行特征匹配或差异化分析,确定是否存在 SQL 注入漏洞。

　　SQL 注入漏洞扫描分析工具结构如图 4-4 所示。具体的漏洞扫描分析流程如图 4-5 所示。

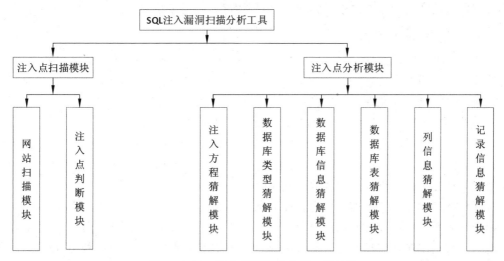

图 4-4　SQL 注入漏洞扫描分析工具结构

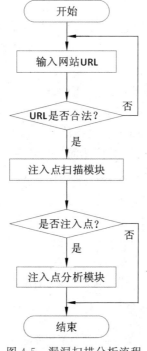

图 4-5　漏洞扫描分析流程

4.2.4　SQL 注入漏洞防范

SQL 注入漏洞防范主要采用两种方法：一种是增强 Web 应用程序本身的安全性，这也是最根本的方法；另一种是增强 Web 应用系统运行平台的安全性，包括部署 Web 应用级防火墙、设置数据库安全措施以及其他的防护措施等。

增强 Web 应用程序本身的安全性即在设计 Web 应用程序时充分考虑到如何避免 SQL 注入漏洞问题，采用 SQL 参数化语句、输入验证、输出编码、规范化以及避免 SQL 注入漏洞的程序设计等方法来增强 Web 应用程序本身的安全性。

1. SQL 参数化语句

产生 SQL 注入漏洞的根源是把 SQL 查询语句当作普通字符串提交给数据库执行，这就是动态字符串或动态 SQL 查询语句的创建问题。现在的大多数编程语言和应用程序数据库访问接口都允许编程人员通过参数化语句，使用占位符或者绑定的变量来创建 SQL 查询语句，以替代直接通过用户输入来创建 SQL 查询语句。

SQL 参数化语句是一种更安全的动态查询创建方式，可以避免一般的 SQL 注入漏洞。一般情况下，它可以用来代替动态查询，由于现在的数据库具有查询优化能力，因此这种方法具有很高的查询速度和执行效率。

然而，使用 SQL 参数化语句也存在向数据库传递不安全参数的可能性。例如，一个查询语句或者存储过程的调用并没有改变传递给数据库的参数值内容，因此，如果数据库的功能函数调用在存储过程或者函数完成过程中使用了动态 SQL 查询语句，还是有可能会发生 SQL 注入漏洞。

2. 输入验证

输入验证就是验证用户的输入是否符合系统定义的标准，它可能简单到直接验证一个参数的类型，也可能复杂到使用正则表达式或者业务逻辑去验证用户输入。用户输入验证有两种方式：白名单验证和黑名单验证。

（1）白名单验证。建立白名单，将允许输入的类型、长度或大小、数值范围以及其他格式标准等存入白名单。在接收用户输入时，首先通过白名单验证用户输入的合规性，以确定是否接受用户输入。如果是白名单允许的输入，则接受该输入，否则拒绝。在白名单验证中，通常采用正则表达式进行比对。然而白名单存在的问题是很难覆盖所有复杂的、各种可能的输入，因此，需要和其他方法配合使用，如输出编码方法等。白名单防范模型如图 4-6 所示。

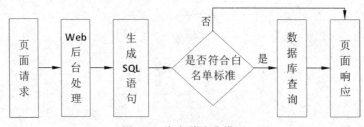

图 4-6　白名单防范模型

（2）黑名单验证。建立黑名单，将不允许输入的字符、字符串和模式等加入黑名单。当接收用户输入时，首先通过黑名单验证用户输入的非法性，以确定是否接收用户输入。黑名单验证方法也使用正则表达式，但这种方法没有白名单验证效率高，因为潜在威胁的字符数量庞大，使得黑名单比较庞大，检测过程比较慢。一般情况下，不会单独使用黑名单验证，而是使用白名单验证。在无法使用白名单验证的情况下，黑名单验证也是一种可选的验证方式。黑名单防范模型如图 4-7 所示。

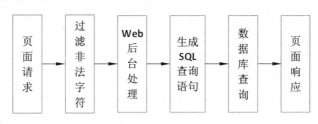

图 4-7　黑名单防范模型

3. 输出编码

除了对用户输入进行验证外，还需要对程序各个模块之间或者各个部分之间传递的数据进行编码。在可能存在 SQL 注入漏洞的环境中，为了保证传递给数据库的数据不会被错误地处理，需要对输出进行编码。

有一种情况经常会被忽略，就是当编码的信息来自数据库，尤其是使用过的数据，通常不会对这些数据进行验证或者过滤处理。在这种情况下，虽然不会直接导致 SQL 注入漏洞，但还是应当考虑采用类似的编码方式进行处理，以防止产生其他安全漏洞，如 XSS 攻击等。

4. 规范化

输入验证和输出编码这两种方法都需要将数据转化成最终用户想要的格式，在实际应用中存在一定的难度。在这种情况下，可以使用规范化方法。所谓规范化就是将输入变为规范格式或者简单格式的过程。常用的规范化方法如下。

（1）拒绝所有不符合规范格式的输入。当输入中出现不期望的编码时，拒绝其输入。同时，当使用白名单验证方式拒绝普通格式的字符时，它是一种默认的处理方法。使用这样的方法至少可以拒绝经过编码的字符。

（2）对输入编码进行解码分析。可采用两种方式：一是只要输入数据中存在编码，就要进行一次解码，判断解码后是否还存在编码字符，这样对每一步都要进行一次判断；二是只对输入进行一次解码，只要解码后的数据中还存在编码字符就拒绝接受，这种方式是以假设输入都只编码一次为前提。

5. 避免 SQL 注入漏洞的程序设计

前面几种方法既可以用于正在开发的 Web 应用系统，也可以用于已存在的 Web 应用系统，但是可能需要对原来的 Web 应用程序结构进行重新构造。

在开发一个新的 Web 应用系统时，最好采用安全的程序设计方法，以避免或减轻

SQL 注入漏洞。

1) 使用存储过程

存储过程是存储在数据库中的程序。根据数据库的不同,存储过程可以由不同的编程语言来实现,它对于消除 SQL 注入风险非常有用。一般的数据库系统都可使用存储过程实现对数据库访问控制的配置,即使攻击者发现了一个可利用的 SQL 注入漏洞,如果数据库访问控制配置正确,则攻击者也无法访问数据库中的敏感信息。

由于动态 SQL 语句被嵌入在应用程序或者数据库中,然后被传送到数据库去执行,数据库中的数据必须是可读、可写、可更新的,应用程序需要通过有访问权限的数据库账户来访问数据库,因此,当出现 SQL 注入漏洞时,只要攻击者得到应用程序访问数据库的权限,就可能访问到数据库中的所有数据。

使用存储过程可以避免上述的风险,应用程序对数据库的所有访问操作都要创建成存储过程。对于数据库账户,授予执行存储过程的权限,但是不授予直接操作数据库中数据的权限。这样,就可以限制攻击者调用存储过程,限制他们访问和修改数据,从而可以阻止攻击者访问数据库的敏感数据。

2) 使用抽象层

一个基于三层架构的 Web 应用系统通常由表示层、业务逻辑层和数据层 3 个层次组成,设计者需要将每一层的实现单独抽象出来,形成不同的抽象层,这些抽象层设计对于增强数据库访问安全性是很有效的。

当应用程序通过数据层来访问数据库时,应用程序不会在数据层使用动态 SQL 语句提供的信息,SQL 注入攻击也就不会发生。更有效的方法是将数据层与存储过程结合起来,能够更加有效地消除 SQL 注入风险。使用抽象数据层的另一个好处是,可以使得应用程序的实现变得更加容易,因为所有访问数据库的函数方法在设计数据层时已定义好,实现时只要调用这些方法即可。

3) 处理敏感数据

攻击者实施 SQL 注入攻击的一个主要目的是试图获取数据库中有价值的敏感数据,因此需要对数据库中的敏感数据进行有效保护,包括如何对数据库中的敏感数据进行存储、访问和控制,以消除 SQL 注入漏洞的危害。例如,对于用户口令,不要直接存入数据库,而是采用 Hash 函数变换后再存入数据库;对于信用卡、银行账号以及其他财务信息,应当使用加密算法加密后再存入数据库。通过这样的处理,可以消除敏感数据被泄露的风险。

在对 Web 应用系统进行安全增强时,需要根据 Web 应用系统的类型、规模、结构等方面的情况综合考虑,选择适合的保护方法或方法组合,达到有效防范 SQL 注入漏洞的目的。

4.3 跨站脚本攻击

动态网站允许用户向 Web 应用程序提交大量的数据,且 HTML 语言允许将脚本语言嵌入到网页内执行,因此任何允许用户输入数据的地方都有可能产生 XSS 漏洞,任何支持脚本的 Web 浏览器都可能遭受到 XSS 攻击。

XSS 漏洞产生的主要原因有两个：一是由于 HTML 协议无法区分数据和代码,即无法明确指出用户输入的非法数据,因此攻击者可以将恶意代码注入 HTML 代码中;二是 Web 应用程序将用户数据发送回浏览器时没有做适当的转义处理,使得包含恶意脚本的数据被放入 Web 网页中,在客户端浏览器中执行,从而引发 XSS 漏洞。

4.3.1　XSS 攻击原理

跨站脚本(Cross Site Scripting,XSS)攻击是一种针对客户端浏览器的注入攻击,与 SQL 注入漏洞不同的是,攻击者将恶意脚本注入到 Web 应用程序中并不是为了攻击 Web 应用程序本身,而是将 Web 应用程序作为攻击其他网站的中转站,当其他用户访问被注入恶意脚本的 Web 应用程序时,恶意脚本就会被下载到该用户的浏览器中并运行,被注入的恶意代码能够在支持 HTML、JavaScript、Flash、ActiveX、VBScript 等语言的客户端浏览器上执行,造成主机上的敏感信息泄露、Cookie 被窃取、配置被更改等后果。

攻击者实施 XSS 攻击有如下 3 个前提条件：

(1) 用户能够直接和 Web 网站进行交互,可向 Web 应用程序提交脚本代码,并且这些脚本代码能够成为 Web 网页内容的一部分。

(2) Web 应用程序对用户提交的内容没有做严格的过滤和验证,含有恶意代码的内容可以在客户端浏览器中执行。

(3) 用户浏览了具有 XSS 漏洞的网页,并且浏览器支持脚本执行,可以执行网页中包含的恶意代码。

根据 XSS 漏洞注入位置和触发流程的不同,XSS 漏洞主要分为 3 类,分别是反射型 XSS 漏洞、存储型 XSS 漏洞和基于 DOM 型 XSS 漏洞。

1. 反射型 XSS 漏洞

反射型 XSS 漏洞也称为非持久型 XSS 漏洞,是目前最常见的一种 XSS 漏洞。它经常出现在服务器直接使用的客户端提供的数据(包括 URL 中的数据、HTTP 协议头的数据和 HTML 表单中提交的数据)中,而且没有对数据进行无害化处理。

典型的反射型 XSS 漏洞攻击是攻击者将攻击代码存储在客户端,而不是存储在 Web 服务器上,攻击者将 Web 服务器作为一个反射器或中转站,通过攻击代码的网页发送给被攻击用户,在用户浏览器上执行攻击代码,达到窃取用户的键盘记录、窃取用户的 Cookie、窃取剪贴板内容、篡改网页内容等目的。

反射型 XSS 漏洞攻击应用场景如下：用户(被攻击者)正常登录 Web 服务器,登录成功后将得到一个会话 Cookie;攻击者将含有攻击脚本的恶意 URL 发送给用户,诱使用户去访问;用户向 Web 服务器请求攻击者的 URL,Web 服务器根据 URL 中的参数将攻击脚本插入到网页中返回给用户,并在用户浏览器上执行该网页中包含的攻击脚本;攻击脚本将用户的 Cookie 等隐私信息发送给攻击者,攻击者在得到用户的 Cookie 信息后,可以利用这些信息来劫持用户的会话,在用户不知情的情况下盗取用户的敏感信息以及支付信息等。反射型 XSS 漏洞攻击过程如图 4-8 所示。

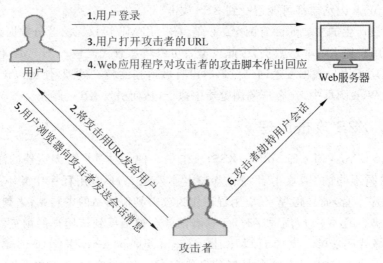

1.用户登录

3.用户打开攻击者的 URL

4.Web 应用程序对攻击者的攻击脚本作出回应

用户

Web 服务器

5.用户浏览器向攻击者发送会话消息

2.将攻击用 URL 发给用户

6.攻击者劫持用户会话

攻击者

图 4-8　反射型 XSS 漏洞攻击过程

反射型 XSS 漏洞攻击和钓鱼攻击非常相似,都是诱使用户访问某个恶意的 URL,从而获取用户敏感信息,但两者实质上是不同的。钓鱼攻击是在用户访问后进入一个伪造的网页,该网页和用户想要访问的 Web 应用程序不在同一个域中,根据同源策略,该钓鱼网页无法直接获得用户在另一个域的 Web 应用程序中的 Cookie 等敏感信息,所以钓鱼网页还需要诱导用户输入用户名和口令等信息,钓鱼攻击才能成功。而在反射型 XSS 漏洞攻击中,用户访问的恶意 URL 位于原本想要访问的 Web 应用程序所在的域中,并不违反同源策略,即可以自动执行 JavaScript 代码来窃取用户的敏感信息。这些操作不需要用户做进一步的配合,就可以自动完成,即当用户访问了含有反射型 XSS 漏洞的 URL 时,XSS 漏洞攻击已经成功。

2. 存储型 XSS 漏洞

存储型 XSS 漏洞是指攻击的恶意脚本被存储在服务器端的数据库或者文件中,在访问服务时,服务器读取了存储的内容后触发恶意脚本回显,形成存储型攻击,当访问正常服务时则可看到被攻击的数据。

其实现原理如下:XSS 恶意脚本提交至服务器端→服务器端将恶意脚本存入数据库→当服务再次被请求时,服务器回显被植入恶意脚本的数据给客户端→客户端执行恶意脚本形成攻击。

常见的例子是在 Web 服务的留言板中插入 XSS 恶意脚本,例如,向留言输入框中添加如下代码:＜script＞alert("XSS")＜/script＞,则攻击者在打开留言管理时弹出显示 XSS 的对话框,表明 XSS 漏洞已成功注入。

3. DOM 型 XSS 漏洞

DOM 型 XSS 漏洞又称作本地跨站脚本的漏洞,此类型的漏洞存在于页面中的客户端脚本自身。当页面中的 JavaScript 代码访问了 URL 请求参数,并未经编码便直接使用相应参数信息在自身所在的页面中输出某些 HTML 时,就有可能出现此类型的 XSS

漏洞。

例如,下面的代码在用户访问某页面时自动执行:

```
<script>
  var a=document.URL;
  a=unescape(a);
  document.write(a.substring(a.indexOf("message='")+8,a.length));
</script>
```

可以看出,上述 JavaScript 脚本最终将链接中 a 的赋值显示在页面中,假定某用户构造的链接为 http://www.xxx.com/edit.asp? a=<script>alert('xss')</script>,那么该页面将弹出一个消息框。

对于 DOM 型 XSS 漏洞,由于所有的 URL 处理方式对用户都是可见的,攻击者可以轻易发现网页中的 DOM 型 XSS 漏洞并实施攻击。而对于其他两类 XSS 漏洞,用户对 Web 服务器所处理的数据是不可知的,因此攻击者发现 XSS 漏洞要困难一些。

4.3.2　XSS 漏洞利用

由于 XSS 攻击可以使用多种客户端语言来实现,也可以跨越多种操作系统平台,利用方式多样化,并具有较强的隐蔽性,用户也难以发现,因此 XSS 攻击近年的发生频率大幅上升,危害性也越来越严重。攻击者利用 XSS 漏洞窃取用户敏感信息、重写 Web 网页、窃取用户会话、将用户重定向到钓鱼网站等,甚至结合其他手段进一步控制用户的系统。较为常见的 XSS 漏洞利用方式有以下 4 种。

1. 盗取用户 Cookie

盗取用户 Cookie 是一种典型的 XSS 攻击方式,Cookie 中记录了用户的身份和会话状态。对于大部分网站,如果攻击者盗取了用户 Cookie,就可以冒充用户身份登录 Web 应用系统,达到劫持会话的目的。

2. XSS 钓鱼

XSS 钓鱼比传统的钓鱼攻击更加隐蔽,攻击者首先构造一个邮件,内嵌一个恶意的 URL 链接,然后发送给用户,引诱用户访问邮件中的 URL 链接,使用户进入一个包含 XSS 攻击代码的网页,攻击代码窃取用户的敏感信息发送给攻击者。由于在用户访问链接时,在 URL 地址栏中仍显示正常 Web 网站的 URL,即使警惕性很高的用户也难以察觉。

3. XSS 蠕虫

XSS 蠕虫可以自动繁殖和传播,攻击者还可以在蠕虫程序中加入不同的攻击功能以达到不同目的。一个典型案例是有名的 XSS 蠕虫 Samy,它避开了社交网站 MySpace 的数据过滤机制,在互联网上迅速扩散,迫使 MySpace 关闭了其应用程序。由于 Samy 在个人信息中添加了 XSS 代码,其他用户在访问该网页时,Samy 会利用 XSS 漏洞将该用户加为好友。它修改用户的个人信息,使其他用户在访问这些遭受 XSS 蠕虫攻击的个人信息时也会被攻击。XSS 蠕虫是危害范围最广的 XSS 攻击,严重威胁了 Web 应用程序的安全。

4. XSS 挂马

XSS 挂马指用户在访问正常网页时,网页元素中存在第三方网页的调用,或者存在隐藏的调用。攻击者利用浏览器漏洞,在用户计算机上安装并运行木马或后门程序,达到窃取用户信息、控制用户计算机的目的。目前 XSS 挂马是一种比较流行的 XSS 攻击方式,具有很大的危害性。

除了上面介绍的 4 种 XSS 攻击方式之外,利用 XSS 漏洞还可以实现更多的攻击方式,例如监视键盘、DDoS 攻击、读取本地文件、访问剪贴板、扫描本地的其他计算机等。

4.3.3 XSS 漏洞检测

XSS 漏洞检测可以采用基于源代码复查的静态检测方法和基于渗透测试的动态检测方法。由于渗透测试方法是对实际的 Web 应用系统进行测试和检测的,更接近于实际情况,因此在 XSS 漏洞检测中得到了广泛的应用。

下面介绍一种基于渗透测试的 XSS 漏洞检测方法,利用 XSS 漏洞的特征和形成机理,对 Web 应用系统中可能存在的 XSS 漏洞进行检测。该检测系统由两部分组成:检测主机和被测服务器,两者通过网络连接。在检测主机上运行检测程序,对被测服务器进行检测;在被测服务器上运行 Web 服务器及应用程序,图 4-9 是 XSS 漏洞检测系统模型。

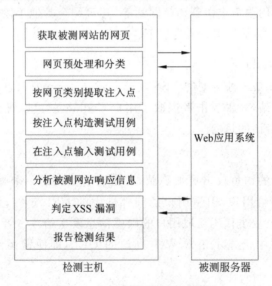

图 4-9　XSS 漏洞检测系统模型

该方法主要有以下的步骤:

(1) Web 网页获取。采用网络爬虫工具,自动获取目标 Web 服务器上的所有网页,去除每个网页的广告、导航、重复等干扰信息后存储在磁盘中,构成检测数据集。

(2) 检测点处理。包括检测点提取和检测点过滤两个部分。首先分析 Web 网页中包含的表单和可用于向 Web 服务器提交信息的 URL 等信息,提取出检测点。然后对检测点进行去重处理,过滤掉不同网页中的相同检测点,避免重复检测。

（3）渗透测试。首先按照渗透策略构造每个检测点的攻击向量,利用检测点模拟浏览器的提交过程,向 Web 服务器提交攻击向量。然后对 Web 服务器返回的响应网页进行分析,确定相应的 Web 网页中是否存在 XSS 漏洞。

其中,Web 网页获取比较简单,使用网络爬虫工具就可以实现,下面重点介绍检测点处理和渗透测试方法。

1. 检测点处理

1）检测点提取

检测点是指客户端与 Web 服务器交互的接口,根据 Web 网页中的标签,提取其中的表单信息和以 GET 方式提交的 URL 信息。通过这些检测点,向 Web 服务器提交攻击向量,实施渗透测试。

检测点提取包括表单信息提取和 URL 信息提取。

网页中的表单主要负责数据采集功能,用户可以使用文本域、列表框、复选框等表单元素输入信息,然后单击提交按钮进行提交。这些表单信息被发送到 Web 服务器,Web 应用程序对这些信息进行处理,并向用户返回处理结果。

2）检测点过滤

在同一个 Web 服务器的不同网页中,往往包含了大量相同的检测点。通过检测点过滤处理,可以避免对不同 Web 网页中的相同表单进行重复提交,有助于提高检测效率。

检测点过滤处理主要过滤两类检测点。一是重复的检测点,在获取的所有检测点中,重复检测点占很大的比例。例如,很多网站都提供了站内搜索功能,这类网站的大部分网页都会包含站内搜索功能所对应的表单。二是不满足检测要求的检测点,如检测点中没有可以提供文本注入的文本框,这类检测点是无法向服务器端提交攻击向量的。

2. 渗透测试

对于每个经过处理后的检测点,依次实施渗透测试。渗透测试的基本原理是:依据渗透策略生成攻击向量,提交给 Web 服务器,然后根据 Web 服务器返回的网页来判断相应的检测点是否存在 XSS 漏洞。

对于每个检测点,首先进行合法字符串测试,检测 Web 服务器对合法字符串的响应,根据返回的网页来判断该检测点存在 XSS 漏洞的可能性。对于不可能存在 XSS 漏洞的检测点,直接转入下一个检测点测试;对于可能存在 XSS 漏洞的检测点,则实施攻击向量测试,向检测点注入攻击向量,根据返回的网页来判断该检测点是否存在 XSS 漏洞。渗透测试流程如图 4-10 所示。

4.3.4　XSS 防范

XSS 漏洞主要是由 HTML 协议缺陷和 Web 应用程序设计缺陷两方面原因造成的。前者表现为 HTML 协议无法区分数据和代码,无法明确指出用户输入的非法数据,用户可以将非法数据放入 HTML 代码中。后者表现为 Web 应用程序对输入和输出内容未做必要的安全检查和处理,结果造成包含恶意脚本的数据被注入到 Web 网页中,在客户端

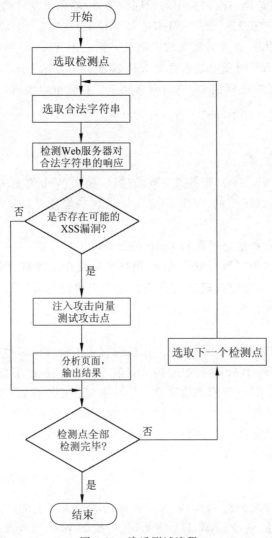

图 4-10 渗透测试流程

浏览器中执行。

XSS 漏洞与 SQL 注入漏洞都属于注入类漏洞,可以采用两种方法来防范:一种方法是增强 Web 应用程序本身的安全性;另一种方法是增强 Web 应用系统运行平台的安全性,包括部署 Web 应用级防火墙、设置数据库安全措施以及其他的防护措施等。

增强 Web 应用程序本身的安全性就是在设计 Web 应用程序时充分考虑到如何避免 XSS 漏洞问题,主要采用 HttpOnly、输入验证、输出编码、规范化等方法来增强 Web 应用程序本身的安全性。

1. HttpOnly

HttpOnly 最早由微软公司提出,并在 IE 6 中实现,至今已逐渐成为一种标准。HttpOnly 防范的是 XSS 攻击后的 Cookie 劫持攻击,一个 Cookie 的使用过程如下:

（1）浏览器向服务器发起请求，此时没有产生 Cookie。

（2）服务器返回时发送 Set-Cookie 头，向客户端浏览器写入 Cookie。

（3）在该 Cookie 到期前，浏览器访问该域下的所有页面时都将发送该 Cookie。

HttpOnly 是在第（2）步时标记的，通过浏览器禁止页面的 JavaScript 访问带有 HttpOnly 属性的 Cookie 来防范 XSS 攻击。

2. 输入验证

在输入验证上，也可采用白名单验证和黑名单验证两种方式。对于白名单验证，根据白名单对 URL、查询关键字、HTTP 头、POST 数据等进行检查，只接受指定长度范围内、采用适当格式和预期字符的输入，对其他内容的输入一律过滤掉。对于黑名单验证，根据黑名单对包含有 XSS 代码特征的内容进行过滤，如＜、＞、script、javascript 等内容。白名单验证和黑名单验证都采用正则表达式进行检查和验证。然而输入验证很难过滤掉脚本中所有的非法字符，因为所有的字符在 HTML 字符集里都是合法的，因此输入验证方法有一定的局限性。

3. 输出编码

对所有输出字符进行 HTML 编码，把包括 HTML 标记在内的危险字符转换成无害的 HTML 表示，将用户输入的 HTML 脚本当成普通文字来处理，而不会成为目标页面 HTML 部分执行的代码，如字符串"＜script＞"可以编码为"<script>"等，这样浏览器便对它进行转义和逐字解析。然而输出编码方法有可能影响 Web 应用的交互性，因为网页不接受由用户输入的任何 HTML 内容，如博客和社交论坛里由用户提交的 HTML 代码。

4. 规范化

通过规范化，将输入变为规范格式或者简单格式，使之只包含最小的、安全的 Tag。具体包括：不包含 JavaScript；去掉对远程内容的引用，尤其是样式表和 JavaScript；使用 Cookie 时应设置 HTTP Only 属性；等等。

5. 输入过滤

对用户的输入进行处理，只允许输入合法的值，其他值一概过滤掉。即使某些情况下不能对用户数据进行严格的过滤，也需要对标签进行转换。表 4-2 为输入过滤方法对用户输入标签的转换情况。

表 4-2　对用户输入标签的转换

用户输入标签	转换结果
小于号（＜）	&lt;
大于号（＞）	&gt;
连接符（&）	&amp;
双引号（"）	&quot;

用户输入标签	转换结果
空白字符（）	
ASCII 码值大于或等于 0x80 的任何 ASCII 码字符	&#＜number＞，其中＜number＞是字符的 ASCII 码值

例如,用户输入

<script>window.location.href="http://www.example.com";</script>

在输入过滤后,最终存储的会是

<script>window.location.href="http://www. example.com"</script>

在展现时浏览器会将这些字符转换成文本内容显示,而不是一段可执行的代码。

4.4 跨站请求伪造攻击

跨站请求伪造(Cross-Site Request Forgery,CSRF)攻击是一种对网站的恶意利用。尽管它听起来像跨站脚本(XSS)攻击,但它与 XSS 攻击非常不同。XSS 攻击利用网站内的受信任用户(受害者);而 CSRF 攻击通过伪装成来自受信任用户的请求来利用受信任网站,通过社会工程学的手段(如通过电子邮件发送一个链接)来蛊惑受害者进行一些敏感性的操作,如修改密码、修改 E-mail、转账等,而受害者毫不知情。

CSRF 攻击的破坏力取决于受害者的权限。如果受害者只是普通的用户,则 CSRF 攻击仅会危害用户的数据以及少数功能;而如果受害者具有管理员权限,则一个成功的 CSRF 攻击可以威胁到整个网络的安全。

4.4.1 CSRF 攻击原理

CSRF 攻击原理及过程如下:

(1)用户打开浏览器,访问受信任网站 A,输入用户名和密码请求登录网站 A。

(2)在用户信息通过验证后,网站 A 产生 Cookie 信息并返回给浏览器,此时用户登录网站 A 成功,可以正常发送请求到网站 A。

(3)用户未退出网站 A 之前,在同一浏览器中,打开一个 Tab 页访问危险网站 B。

(4)网站 B 接收到用户请求后,返回一些攻击性代码,并发出一个请求,要求访问网站 A。

(5)浏览器在接收到这些攻击性代码后,根据网站 B 的请求,在用户不知情的情况下携带 Cookie 信息,向网站 A 发出请求。网站 A 并不知道该请求其实是由网站 B 发起的,所以会根据用户的 Cookie 信息以 C 的权限处理该请求,导致来自网站 B 的恶意代码被执行。

CSRF 攻击的原理如图 4-11 所示。

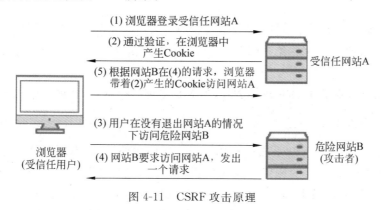

图 4-11　CSRF 攻击原理

　　了解 Web 浏览器对于 Cookie 和 HTTP 身份验证信息类的会话信息的处理方式更有利于分析 CSRF 攻击的原理。下面的 3 个因素是跨站请求伪造攻击的必要条件：

　　(1) 浏览器自动发送标识用户对话的信息而无须用户干预，即当浏览器发送这些身份信息的时候，用户不会察觉。假设网站 A 上有一个 Web 应用程序，受害用户在该网站上通过了身份认证后，就会有 Cookie 来记录用户身份信息。Cookie 的作用主要是被网站作为用户会话的标志，即如果网站收到了带有用户的 Cookie 的请求，那么它就会把这个请求看作是已登录的用户发来的。通常在浏览器收到网站设置的 Cookie 之后，每当向该网站发送请求的时候，浏览器都会自动地将该 Cookie 连同请求一起发出。

　　(2) 攻击者对 Web 应用程序 URL 的了解。如果应用程序没有在 URL 中使用跟会话有关的信息，那么攻击者可以通过代码分析，或者通过访问该应用程序查看嵌入 HTML/JavaScript 中的 URL 以及表单，来了解与应用程序有关的 URL、参数和允许值。

　　(3) 浏览器可以访问应用程序的会话管理信息。为了提高 Web 应用程序的便利性，浏览器存放各种用来管理会话的敏感信息，如 Cookie 或者基于 HTTP 的身份验证（如 HTTP 基本认证、非基于表单的认证），并在每次向需要身份验证的应用程序发送请求时自动捎带上这些敏感信息。如果 Web 应用程序完全依赖于这类信息来识别一个用户会话，就为跨站请求伪造攻击创造了条件，因为 Web 应用程序不会判断这个请求到底是不是合法用户发送的。

4.4.2　CSRF 漏洞利用

　　下面用例子更详细说明攻击者如何进行 CSRF 攻击。

　　假设受害用户 A 在银行有一笔存款，他向银行的网站发送请求：

```
http://bank.example/withdraw?account=A&amount=1000000&for=A2
```

　　该请求把用户 A 1 000 000 元存款转到用户 A 的另外一个账号下。该请求发送到银行网站后，服务器会先验证该请求是否来自合法的会话，并且该会话的用户 A 已经成功登录。

　　攻击者 B 在该银行也有账户，且他知道上文中用户 A 可以进行转账操作的 URL，则攻击者 B 可以发送一个请求给银行：

```
http://bank.example/withdraw?account=A&amount=1000000&for=B
```

但是这个请求来自攻击者 B 而非用户 A，因而攻击者 B 不能通过安全认证，该请求不会起作用。

攻击者 B 决定使用 CSRF 攻击方式，他先自己做一个网站，在网站中放入如下代码：

```
src="http://bank.example/withdraw? account=A&amount=1000000&for=B"
```

并且通过广告等社会工程学手段诱使用户 A 访问他的网站。当用户 A 访问该网站时，上述 URL 就会从用户 A 的浏览器发送到银行网站，且这个请求会附带用户 A 浏览器中的 Cookie 一起发送到银行网站。虽然大多数情况下，该请求会失败，因为银行网站要求用户 A 的认证信息，但是如果用户 A 访问恶意网站时刚访问他的银行网站后不久，其浏览器与银行网站之间的会话尚未过期，浏览器的 Cookie 中含有用户 A 的认证信息。这时攻击者 B 的 URL 请求就会得到响应，钱将从用户 A 的账号转移到攻击者 B 的账号，而用户 A 毫不知情。等用户 A 发现银行账户金额不对时，即使他去银行查询日志，他也只能发现确实有一个来自他本人的合法请求转移了资金，没有任何被攻击的痕迹。

两种常见的 CSRF 攻击类型如下：

(1) GET 类型的 CSRF 攻击。

这种类型的 CSRF 攻击一般是由于程序员安全意识不强造成的。GET 类型的 CSRF 攻击非常简单，只需要一个 HTTP 请求，例如：

```
<img src=http://wooyun.org/csrf?xx=11 />
```

在访问含有这个 img 的页面后，就成功地向 http：//wooyun.org/csrf? xx＝11 发出了一次 HTTP 请求。所以，如果将该网址替换为包含 GET 类型的 CSRF 攻击的地址，就能完成攻击了。

(2) POST 类型的 CSRF 攻击。

这种类型的 CSRF 攻击危害没有 GET 类型的大，通常使用的是一个自动提交的表单，例如：

```
<form action=http://wooyun.org/csrf.php method=POST>
<input type="text" name="xx" value="11" />
</form>
<script>document.forms[0].submit();</script>
```

访问该页面后，表单会自动提交，相当于模拟用户完成了一次 POST 操作。

4.4.3 CSRF 漏洞检测

1. 手动检测

通常 Web 应用程序中的重要功能需要进行 CSRF 漏洞检测。不同的应用程序对于重要功能有着不同的标准,但有些功能基本每个 Web 应用程序中都有,例如修改用户密码、增加用户功能、对重要实体(如合同、订单等)的删除功能、对重要实体的更新功能(如银行转账)等,对于这些重要功能,在测试的时候可以假定自己拥有两个身份:攻击者(用户 A)和受害者(用户 B)。然后按照下面的步骤进行操作:

(1)用户 B 登录,然后进行某个重要功能的操作,例如增加一个具有系统管理员(administrator)角色的新用户 tester,URL 是

```
http://localhost/adduser?username=tester&role=administrator
```

(2)用户 A 构造如下操作:

```
< imgsrc = "http://localhost/adduser? username = tester&role = administrator"
width="1" height="1" border="0"/>
```

(3)在用户 B 登录后,让用户 B 单击用户 A 构造的 URL 链接。

(4)检查服务器是否执行了用户 B 的请求。如果执行了,则说明检测的重要功能存在 CSRF 漏洞。

2. 半自动检测

随着对 CSRF 漏洞研究的不断深入,一些专门针对 CSRF 漏洞进行检测的工具不断涌现,如 CSRFTester、CSRF Request Builder 等。

以 CSRFTester 工具为例,其测试原理如下:使用 CSRFTester 进行测试时,首先需要抓取用户在浏览器中访问过的所有链接以及所有的表单等信息,然后通过 CSRFTester 修改相应的表单等信息,重新提交,这相当于一次伪造客户端请求。如果修改后的测试请求成功地被网站服务器接受,则说明存在 CSRF 漏洞。

4.4.4　CSRF 漏洞防范

目前防御 CSRF 攻击主要有 3 种策略:验证 HTTP Referer 字段;在请求地址中添加 Token 并验证;在 HTTP 头中自定义属性并验证。

1. 验证 HTTP Referer 字段

通常情况下,一个浏览器发起 HTTP 请求的时候,请求中的 Referer 表示的是请求的发起源,因此可以从 HTTP 请求包中的 Referer 来判断请求是从同域下发起的还是跨站发起的。而根据 Referer,Web 网站也能判断此次请求是否是同域下发起的并借此来判断请求是否是伪造的,进而防御 CSRF 攻击。

但是很多时候 Refere 有可能包含一些敏感信息,而这些信息可能会涉及用户的一些隐私。例如 Referer 可能会显示用户所在内网的某个查询服务器,而如果这个服务器在内网比较重要,攻击者便有可能借此了解到如何访问内网的查询服务器,当攻击者有条件的时候便有可能会对其进行攻击。因此,很多 Web 运维人员担心 Referer 可能会将内网的一些机密信息泄露出去。

同时,对于 Referer 的检测还会受到浏览器漏洞的影响,一些浏览器的漏洞使恶意网站会去欺骗 Referer,尤其在使用代理的时候。很多浏览器都标明了允许对 Referer 进行

伪造。目前很多浏览器甚至 IE 都有这方面的漏洞,不过这些漏洞只能影响 XMLHttpRequest,而且仅限于伪造 Referer 以跳转到攻击者自己的网站。

当网站确定要采用验证 Referer 字段的方法来防御 CSRF 攻击时,开发人员便需要面临防御严格尺度的抉择问题。当采用严格的 Referer 验证策略的时候,网站不仅需要阻止 Referer 值不正常的请求,还需要阻止缺少 Referer 值的请求,这样可以防止一些恶意网站或者攻击者主动隐藏 Referer。但是这样也会带来一部分误杀的问题,有一些浏览器本身的默认设置就是不含有 Referer 的。而如果执行宽松的 Referer 验证策略,那么网站仅需要阻止 Referer 值不对的验证请求,而当缺少 Referer 值的时候就接受请求,这种方案对于攻击者而言依然很容易绕过,想要隐藏 Referer 的值并不困难。

在衡量采用 Referer 验证的防范尺度的同时,必须还要确认 Web 网站不存在存储型的安全漏洞。如果网站存在存储型的安全漏洞,攻击者就可以把攻击代码放在目标网站上,用户受到诱骗点击目标网站后,Referer 的值就是目标网站的信息,这样即使检查 Referer 也会认为这个请求是合法的。

2. 在请求地址中添加 Token 并验证

CSRF 攻击之所以能够成功,是因为攻击者可以伪造用户的请求,该请求中所有的用户验证信息都存在于 Cookie 中,因此攻击者可以在不知道这些验证信息的情况下直接利用用户自己的 Cookie 来通过安全验证。由此可知,抵御 CSRF 攻击的关键在于:在请求中放入攻击者所不能伪造的信息,并且该信息不存在于 Cookie 中。鉴于此,系统开发者可以在 HTTP 请求中以参数的形式加入一个随机产生的 Token,并在服务器端建立一个拦截器来验证这个 Token,如果请求中没有 Token 或者 Token 内容不正确,则认为该请求可能是 CSRF 攻击而拒绝它。

3. 在 HTTP 头中自定义属性并验证

自定义属性的方法也是使用 Token 并进行验证,和前一种方法不同的是,这里并不是把 Token 以参数的形式置于 HTTP 请求中,而是把它放到 HTTP 头中自定义的属性里。通过 XMLHttpRequest 这个类,可以一次性给所有该类请求加上 csrftoken 这个 HTTP 头属性,并把 Token 值放入其中。这样就解决了前一种方法在请求中加入 Token 的不便,同时,通过这个类请求的地址不会被记录到浏览器的地址栏,也不用担心 Token 会通过 Referer 泄露给其他网站。

4. 其他防范方案

CSRF 攻击危害非常大,又很难以防范。目前几种防御策略虽然可以很大程度上抵御 CSRF 攻击,但并没有一种完美的解决方案。一些新的方案正在研究之中,例如对于每次请求都使用不同的动态口令,把 Referer 和 Token 方案结合起来,甚至尝试修改 HTTP 规范,但是这些新的方案尚不成熟,要正式投入使用并被业界广为接受还需时日。在这之前,只有充分重视 CSRF 攻击,根据系统的实际情况选择最合适的策略,才能把 CSRF 攻击的危害降到最低。

4.5　恶意流量攻击

恶意流量攻击的方式包括爬虫和盗链。这两种恶意攻击行为都会使 Web 服务器产生大量额外流量,影响服务器性能,并对服务器安全造成威胁。

4.5.1　爬虫攻击分析

网络爬虫(Web crawler)是自动下载网页的计算机程序或自动化脚本,是搜索引擎的重要组成部分。搜索引擎使用网络爬虫抓取 Web 网页、文档、图片、音频、视频等资源,通过相应的索引技术组织这些信息,提供给用户进行查询,不断优化的网络爬虫技术为高效搜索用户关注的特定领域与主题提供了有力支撑。此外网络爬虫也为中小网站的推广提供了有效的途径,网站针对搜索引擎爬虫的优化曾风靡一时。

1. 爬虫原理

网络爬虫可从广义与狭义两个角度定义:从狭义角度看,该软件程序采取标准 HTTP,对万维网信息空间的遍历依靠超链接与 Web 文档检索来完成;从广义角度看,网络爬虫是对 Web 文档进行检索的程序,依靠 HTTP 就能够实现。网络爬虫这一程序在网页的提取过程中表现出极强的功能,其在引擎中具有网页下载的功能,且在引擎中不可缺少。其实现某站点的访问主要是依靠对站点 HTML 文档提出请求实现的。其实现 Web 空间的遍历,在各站点间移动,完成索引的自动建立,同时将其存至网页数据库。网络爬虫一旦到达某超文本,其信息搜索及超文本 URL 地址的获取主要是依靠 HTML 语言标记结构实现的,完全不依赖用户干预。在搜索过程中,网络爬虫的搜索策略选择也是按照一定标准进行的。

传统网络爬虫从一个或若干个初始网页的统一资源定位符(Universal Resource Locator,URL)开始,在抓取网页的过程中,不断从当前页面上抽取新的 URL 放入队列,直到满足系统的一定条件后停止抓取。目前网络爬虫已发展为涵盖网页数据抽取、机器学习、数据挖掘、语义理解等多种方法的综合智能工具。

2. 爬虫分类

网络爬虫按照系统结构和实现技术大致可以分为以下几种类型:通用网络爬虫(general purpose Web crawler)、聚焦网络爬虫(focused Web crawler)、增量式网络爬虫(incremental Web crawler)、深层网络爬虫(deep Web crawler)。实际的网络爬虫系统通常是几种爬虫技术相结合实现的。

1)通用网络爬虫

通用网络爬虫又称全网爬虫(scalable Web crawler),爬行对象为整个 Web,主要为门户站点搜索引擎和大型 Web 服务提供商采集数据。由于商业原因,它们的技术细节很少公布出来。这类网络爬虫的爬行范围和页面数量巨大,对于爬行速度和存储空间要求较高,对于爬行页面的顺序要求较低。由于待刷新的页面太多,通用网络爬虫通常采用并行工作方式,但需要较长时间才能刷新一次页面。虽然存在一定缺陷,通用网络爬虫适用于为搜索引擎采集广泛的主题数据,有较强的应用价值。

典型的通用网络爬虫有 GoogleCrawler 和 Mercator。GoogleCrawler 是一个分布式的基于整个 Web 的爬虫,采用异步 I/O 而不是多线程来实现并行化。它有一个专门的 URLServer 进程负责为多个爬虫节点维护 URL 队列。GoogleCrawler 还使用了许多算法优化系统性能,最著名的就是 PageRank 算法。

通用网络爬虫的结构大致可以分为页面爬行模块、页面分析模块、链接过滤模块、页面数据库、URL 队列、初始 URL 集几部分,其体系结构如图 4-12 所示。

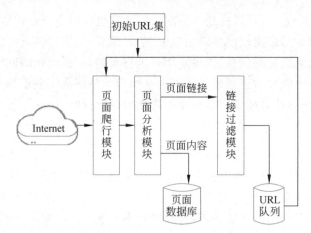

图 4-12   通用网络爬虫体系结构

为提高工作效率,通用网络爬虫会采取一定的爬行策略:

(1) 深度优先策略。其基本方法是按照深度由浅到深的顺序依次访问下一级网页链接,直到不能再深入为止。爬虫在完成一个爬行分支后返回到上一链接节点进一步搜索其他链接。当所有链接遍历完后,爬行任务结束。这种策略比较适合垂直搜索或站内搜索,但爬行页面内容层次较深的站点时会造成资源的巨大浪费。

(2) 广度优先策略。此策略按照网页内容目录层次深浅来爬行页面,处于较浅目录层次的页面首先被爬行。当同一层次中的页面爬行完毕后,爬虫再深入下一层继续爬行。这种策略能够有效控制页面的爬行深度,避免遇到一个无穷深层分支时无法结束爬行的问题,实现方便,无须存储大量中间节点。其不足之处在于需较长时间才能爬行到目录层次较深的页面。

2) 聚焦网络爬虫

聚焦网络爬虫又称主题网络爬虫(topical crawler),是指有选择性地爬行那些与预先定义好的主题相关页面的网络爬虫。和通用网络爬虫相比,聚焦网络爬虫只需要爬行与主题相关的页面,极大地节省了硬件和网络资源,保存的页面也由于数量少而更新快,还可以很好地满足一些特定人群对特定领域信息的需求。

和通用网络爬虫相比,聚焦网络爬虫增加了链接评价模块以及内容评价模块,其系统结构如图 4-13 所示。

聚焦爬虫爬行策略实现的关键是评价页面内容和链接的重要性,不同的方法计算出

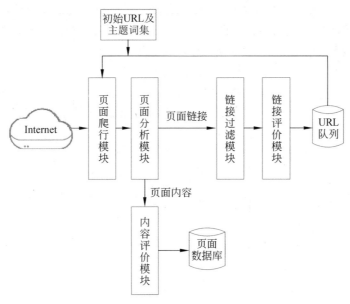

图 4-13　聚焦网络爬虫体系结构

的重要性不同,由此导致链接的访问顺序也不同,常用的聚焦爬虫爬行策略有以下 4 种:

(1) 基于内容评价的爬行策略。DeBra 将文本相似度的计算方法引入到网络爬虫中,提出了 FishSearch 算法,它将用户输入的查询词作为主题,包含查询词的页面被视为与主题相关,其局限性在于无法评价页面与主题相关度的高低。Herseovic 对 FishSearch 算法进行了改进,提出了 Shark-search 算法,利用空间向量模型计算页面与主题的相关度大小。

(2) 基于链接结构评价的爬行策略。Web 页面作为一种半结构化文档,包含很多结构信息,可用来评价链接重要性。PageRank 算法最初用于搜索引擎信息检索中对查询结果进行排序,也可用于评价链接重要性,具体做法就是每次选择 PageRank 值较大页面中的链接来访问。另一个利用 Web 结构评价链接价值的方法是 HITS 方法,它计算每个已访问页面的 Authority 权重和 Hub 权重,并以此决定链接的访问顺序。

(3) 基于增强学习的爬行策略。Rennie 和 McCallum 将增强学习引入聚焦爬虫爬行策略中,利用贝叶斯分类器,根据整个网页文本和链接文本对超链接进行分类,为每个链接计算出重要性,从而决定链接的访问顺序。

(4) 基于语境图的爬行策略。Diligenti 等人提出通过建立语境图(context graph)学习网页之间的相关度,训练一个机器学习系统,通过该系统可计算当前页面到相关 Web 页面的距离,距离越近的页面中的链接越优先访问。

3) 增量式网络爬虫

增量式网络爬虫是指对已下载网页采取增量式更新和只爬取新产生的或者已经发生变化的网页的爬虫,它能够在一定程度上保证所爬行的页面是尽可能新的页面。和周期性爬行和刷新页面的网络爬虫相比,增量式网络爬虫只会在需要的时候爬行新产生的或发生更新的页面,并不重新下载没有发生变化的页面,可有效减少数据下载量,及时更新已爬行的网页,减小时间和空间上的耗费,但是增加了爬行算法的复杂度和实现难度。

增量式网络爬虫的体系结构如图 4-14 所示,它包含爬行模块、排序模块、更新模块、本地页面集、待爬行 URL 集以及本地页面 URL 集。

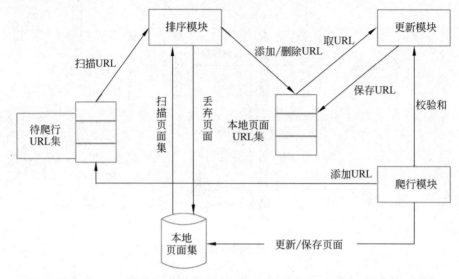

图 4-14　增量式网络爬虫体系结构

增量式网络爬虫有两个目标:保持本地页面集中存储的页面为最新页面和提高本地页面集中页面的质量。为实现第一个目标,增量式网络爬虫需要通过重新访问页面来更新本地页面集中的页面内容,常用的方法有以下 3 个:

(1) 统一更新法:爬虫以相同的频率访问所有页面,不考虑页面的改变频率。

(2) 个体更新法:爬虫根据各页面的改变频率来重新访问各页面。

(3) 基于分类的更新法:爬虫根据页面的改变频率将其分为更新较快的页面子集和更新较慢的页面子集两类,然后以不同的频率访问这两类页面。

为实现第二个目标,增量式爬虫需要对页面的重要性进行排序,常用的策略有广度优先策略、PageRank 优先策略等。

4) 深层网络爬虫

Web 页面按存在方式可以分为表层网页(surface Web page)和深层网页(deep Web page,也称 invisible Web page 或 hidden Web page)。表层网页是指传统搜索引擎可以索引的页面,即以超链接可以到达的静态网页为主构成的 Web 页面。深层网页是那些大部分内容不能通过静态链接获取的、隐藏在搜索表单后的,只有用户提交一些关键词才能获得的 Web 页面,例如用户注册后内容才可见的网页就属于深层网页。2000 年 Bright Planet 指出:深层网页中可访问信息容量是表层网页的几百倍,是互联网上规模最大、发展最快的新型信息资源。

深层网络爬虫体系结构如图 4-15 所示,包含 6 个基本功能模块(爬行控制器、解析器、表单分析器、表单处理器、响应分析器、LVS 控制器)和两个爬虫内部数据结构(URL集和 LVS)。其中 LVS(Label Value Set,标签数值集)用来表示填充表单的数据源。

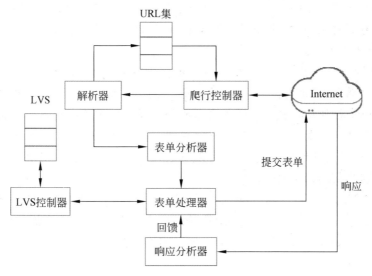

图 4-15　深层网络爬虫体系结构

深层网络爬虫爬行过程中最重要的部分就是表单填写,包含两种类型:

(1) 基于领域知识的表单填写。此方法一般会维持一个本体库,通过语义分析来选取合适的关键词填写表单。有人提出一种获取表单信息的多注解方法,将数据表单按语义分配到各个组中,对每组从多方面进行注解,结合各种注解结果来预测一个最终的注解标签;利用一个预定义的领域本体知识库来识别深层网页内容,同时利用 Web 站点导航模式来识别自动填写表单时所需进行的路径导航。

(2) 基于网页结构分析的表单填写。此方法一般无领域知识或仅有有限的领域知识,将网页表单表示成 DOM 树,从中提取表单各字段值。有一种 LEHW 方法,该方法把 HTML 网页表示为 DOM 树形式,将表单区分为单属性表单和多属性表单,分别进行处理。

在 HIWE 系统中,爬行控制器负责管理整个爬行过程,分析下载的页面,将包含表单的页面提交给表单处理器处理。表单处理器先从页面中提取表单,从预先准备好的数据集中选择数据自动填充并提交表单,由爬行控制器下载相应的结果页面。

3. 爬虫的危害

由于网络爬虫的策略是尽可能多地爬过网站中的高价值信息,根据特定策略尽可能多地访问页面,因此会占用网络带宽并增加 Web 服务器的处理开销。不少小型网站的站长发现,当网络爬虫光顾的时候,访问流量将会有明显的增长。因此攻击者可以利用爬虫程序对 Web 网站发动 DoS 攻击,使 Web 服务器在大量爬虫程序的暴力访问下耗尽资源而不能提供正常服务。恶意用户还可能通过网络爬虫抓取各种敏感资料,用于不正当用途。

从网站业务安全的角度,爬虫可能带来的危害有以下 4 点:

(1) 核心文本被爬。网站的核心文本可能在几分钟内就被恶意爬虫抓取并悄无声息地复制到别的网站。核心内容被复制会极大地影响网站和网页本身在搜索引擎上的排名,降低网站在用户心目中的价值,导致网站访问量、销量、广告收益降低的恶性循环,若网站以文本为商品作为盈利点,恶意爬虫更会极大地影响 KPI(Key Performance Indicator,关键绩效指标)。

(2) 注册用户被扫描。如果在网站的注册页面输入一个已注册过的号码,通常会看到"该用户已注册"的提示,这一信息也会在请求的 response 中显示,一些网站的短信接口也有类似逻辑,注册用户和非注册用户返回的字段和枚举值会有不同。利用这一业务逻辑,恶意爬虫通过各类社会工程学数据库拿到一批手机号后,可在短时间内验证这批号码是否为某一网站的注册用户,攻击者可以将数据打包出售给竞争对手或感兴趣的数据营销公司,完善他们的精准营销数据。

(3) 点击欺诈。这会给网站造成实实在在的利益损失。投放广告的目的通常是为了触达符合网站定位的潜在消费者。爬虫造成的点击欺诈造成广告的点击率虚高,使得网站承担了本不应承担的点击费用。从运营角度出发,访问量无原因的忽高忽低也不利于分析广告投放效果。

(4) 增加网站带宽负担。对于带宽有限的中小型网站,爬虫可能会降低网页加载速度,影响真实用户的访问体验。

4.5.2 爬虫攻击防范

网络爬虫是一种按照一定的规则自动抓取万维网信息的程序或者脚本。网络上有很多搜索引擎(如百度、雅虎等)使用爬虫提供的最新数据。但如果恶意使用爬虫爬取大量的网站页面,不但占用网站带宽,而且影响服务器性能。完善爬虫程序的检测手段,提高检测的准确率并采取必要的技术手段保护网站的安全,才能有效解决爬虫程序所引起的网络安全问题。

1. 爬虫检测

网站管理员可以针对网络爬虫的行为特点,从来访的客户端程序中检测出爬虫程序,以便采取某些动作来限制其访问权限。目前网络爬虫的检测手段多种多样,往往需要综合利用,提高检测的准确率。

1) 检测 HTTP User-Agent 报头

HTTP 请求报头 User-Agent 用来标识请求当前资源的客户端程序,Web 服务器可以据此判定当前的访问请求是否来自某个爬虫程序。但是该检测手段并不可靠,恶意的爬虫程序可以通过伪造 User-Agent 报头的方式来隐藏自己的真实身份。

2) 检查 HTTP Referer 报头

HTTP 请求报头 Referer 用来指明当前所请求的 URL 是从哪个页面获取的。然而经研究发现,许多爬虫程序并不会在 HTTP 请求中使用 Referer 报头,Web 服务器可通过检查 HTTP 请求中是否具有该报头来识别爬虫程序。但是,这种检测手段同样也不可靠,因为在一些情况下,例如,用户使用浏览器收藏夹打开链接,在浏览器地址栏直接输入地址,或者直接单击 E-mail 中的链接,等等,浏览器同样不会发出 Referer 报头。此外,Referer 报头也很容易被伪造。

3）检测客户端 IP

网站管理员可以在 Web 服务器中建立一个数据库,记录已知的网络爬虫的 IP 地址,以确定来访的客户端是否为某个爬虫程序。目前,除了主流搜索引擎爬虫的 IP 地址相对固定外,绝大多数爬虫程序的 IP 地址往往是动态变化的,因而此技术的漏检率与误判率较高。

4）分析访问内容类型

许多网络爬虫属于聚焦爬虫,是在某种意图下抓取有特定价值的网络资源,例如邮件地址收集器主要抓取 htm、html 等页面文件,而图片收集器则重点收集 jpg、png、gif 等图片文件。因此,利用 Web 日志分析客户端的 URL 请求,有利于区分出聚焦网络爬虫。

5）使用 robots. txt 文件

使用 robots. txt 文件可达到两种检测目的。一是区分人与爬虫程序。由于用户通常不会直接访问 robots. txt 文件,因此可通过 Web 日志分析该文件的访问情况来捕获爬虫程序。二是识别爬虫程序的好坏。如果通过 Web 日志发现某个客户端程序不仅访问了 robots. txt,而且爬行了 robots. txt 拒绝访问的目录或文件,那么该客户端程序极可能就是恶意的、不遵守机器人排除协议（Robots Exclusion Protocol）的爬虫程序。

6）使用网页隐藏链接

可在网页代码中加入不会被人看到的隐藏链接来捕获爬虫程序。在网页代码中设置隐藏链接的方法包括:链接文本使用与背景颜色一样的颜色,将链接文本用图形或者其他网页元素覆盖,使用 HTML 注释代码,使用 JavaScript 注释代码,建立无链接文本的超链接,等等。如果仅捕获那些不遵守机器人排除协议的爬虫程序,需要在 robots. txt 中将隐藏链接排除在外。

2. 爬虫防范

1）使用机器人排除协议

目前机器人排除协议仍是非强制性的,虽然实际上已被现在的主流搜索引擎接受,但是它在法律上没有约束力,是否遵守此规定完全是搜索方的自愿行为。另外,robots. txt 本身也可能成为恶意用户窥探网站敏感信息的工具。

机器人排除协议主要包括以下形式:

（1）Robots. txt 文件。机器人排除协议描述了一个简单的文本文件 robots. txt,存放在 Web 网站根目录中,阻止网络爬虫访问网站的某些信息。当网络爬虫访问某个网站时,会首先访问网站根目录中的 robots. txt,根据该文件规定的内容确定搜索范围。

网站管理员在建立好 robots. txt 后,可利用互联网中的各种 robots. txt 验证工具来检验文件的正确性。要注意的是,搜索引擎的爬虫程序总是按照一定的周期去抓取网站,因此网站管理员对 robots. txt 所作的修改不能马上生效。如果此前发现网站中的敏感网页已被某个搜索引擎收录,应及时通知搜索引擎的管理员,或者使用搜索引擎提供的工具（如 Google Webmaster Tools、Yahoo! Site Explorer）将这些网页从索引数据库中删除。

（2）Robots Meta 标签。它作为机器人排除协议的扩展内容放置在 HTML 网页代码的<head></head>标签中,指定爬虫程序访问该页面时应该遵循的规范。Robots

Meta 标签主要包括 Name 与 Content 两个属性。Name 属性描述网络机器人的名字。Content 属性主要有 4 个指令选项：index、noindex、follow、nofollow。另外 Google、Yahoo! 等搜索引擎还支持一些扩展指令。

（3）HTTP X-Robots-Tag 响应报头。Google、Yahoo! 搜索引擎支持 HTTP X-Robots-Tag 响应报头，使 Robots Meta 的功能也能用于非 HTML 文档。

2）使用自动内容访问协议

ACAP(Automated Content Access Protocol，自动内容访问协议)是由世界报业协会、国际出版商协会和欧洲出版商协会联合提出的一种非强制性协议，对现有的 robots.txt 与 Robots Meta 标签进行了扩展，旨在进一步限制搜索引擎的访问权限，保护网络作品的著作权。目前该协议还未得到 Google、Yahoo! 等主流搜索引擎的认可。

3）加固 Web 网站

网站可采取各种技术手段来巩固自身安全，具体措施如下：

（1）将敏感信息（例如账号、密码、机密文件等）从公共的 Web 服务器中移出，或者采用必要的存取控制技术加以保护。

（2）修改 Web 服务器的默认配置，包括删除 Web 服务器的联机手册与样本程序，尽可能关闭 Web 服务器的目录列表功能，修改或删除 Web 服务器的默认测试页面，修改 Web 服务器默认的错误信息，修改管理员远程登录页面的默认账号与密码，等等。

（3）使用 Web 表单、JavaScript 等客户端代码、Captcha 验证码、动态页面等技术，实现大多数爬虫程序由于技术限制不能抓取的网页，以保护网站和用户的敏感资料。

（4）使用 Google、Baidu 等搜索引擎，或 Nessus、Gooscan、SiteDigger 等自动化工具对网站进行渗透测试；使用 AWStats 等日志分析统计工具分析网络爬虫访问网站的记录，确定网站是否存在信息泄露，以便采取相应的措施，解决网站存在的安全隐患。

4.5.3 盗链攻击分析

盗链是指网络服务提供者非法提供不在自身的服务器中的存储内容的行为，即，未经其他网络服务提供者许可，抓取其服务器上的内容并直接在自身网站中向最终用户提供其他网络服务提供者的服务内容，从而骗取最终用户的浏览和点击。常见的盗链方式有图片盗链、音频盗链、视频盗链、文件盗链。在盗链的过程中，通常还需要通过技术手段绕过或破坏被盗链网站对作品所采取的技术措施，如屏蔽被盗链网站的视频贴片广告、防止用户下载视频等。

对被盗链网站来说，网站经营者投入了大量的成本，搭建服务器，租用宽带，若盗链方采用了破解被盗链网站视频端口密钥等不正当的手段获取视频内容，甚至跳过原网站广告数据端口，使盗链平台在屏蔽被盗链网站利益页面之后直接向公众提供被盗链的内容，将会给被盗链网站的经营者造成极大的损失。此种盗链行为大量消耗被盗链网站的带宽，而真正计入被盗链网站的点击率可能很小，严重损害被盗链网站的利益；此外，盗链平台的屏蔽视屏贴片广告的行为还会给被盗链网站的正常运营造成严重影响。

1. 盗链原理

一般，用户要浏览的页面并不是一次全部传送到客户端的。如果用户请求的是一个带有许多图片和其他信息的页面,那么最先的一个 HTTP 请求被处理后,传送回来的是这个页面的 HTML 文本,客户端浏览器对这段文本解释执行后,发现其中还有其他文件,会再发送一条或者多条 HTTP 请求,当这些请求被处理后,其他文件才被传送到客户端,然后浏览器将这些文件放到页面的正确位置。一个完整的页面要经过发送多条 HTTP 请求才能够被完整地显示。基于这样的机制,盗链就成为可能,服务提供商完全可以在自己的页面中嵌入别人的链接,显示在自己的页面上,以达到盗链的目的。图 4-16 表示访问页面的过程。

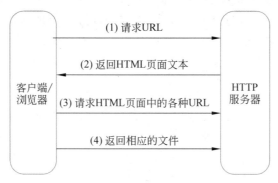

图 4-16 访问页面的过程

根据盗链的形式可以把盗链分成两类:常规盗链和分布式盗链。

1)常规盗链

这种盗链比较常见,具有一定的针对性,只盗用某个或某些网站的链接。其技术含量不高,实现也比较简单,只需要在自己的页面嵌入别的网站的链接即可。

2)分布式盗链

分布式盗链是盗链的新形式,系统设计复杂,难度较大。这种盗链一般不针对某一个网站,互联网上任何一台机器都可能成为盗链的对象。服务提供商一般会在后台设置专门程序(spider)在 Internet 上抓取有用的链接,然后存储到自己的数据库中。对于最终用户的每次访问,都将其转化为对已有数据库的查询,被查询到的 URL 就是被盗链的对象。由于对文件的访问已经被浏览器屏蔽了,所以最终用户感觉不到其访问的链接是被盗取的链接。其原理如图 4-17 所示。

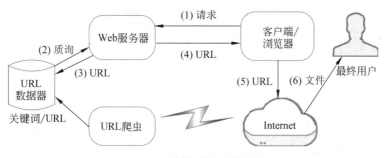

图 4-17 分布式盗链的原理

4.5.4 盗链攻击防范

WAF 通过实现 URL 级别的访问控制,对客户端请求进行检测,如果发现图片、文件等资源信息的 HTTP 请求来自其他网站,则阻止盗链请求,节省因盗用资源链接而消耗的带宽和性能。

下面介绍一些常见的反盗链技术。

1. 不定期更改文件或者目录名称

不定期地更改文件或者目录的名称是最原始的反盗链的方式,可以比较有效地防止盗链。这种方法一般工作量比较大,但是批量更名是完全可以自动化的,比较容易实现。但是在更名过程中,可能会有客户正在下载该文件,这样会导致正常的客户访问失败。

2. 限制引用页

这种防盗链技术的原理是:服务器获取用户提交信息的网站地址,然后和真正的服务器端的地址相比较,如果一致则表明是站内提交,或者为自己信任的站点提交,否则视为盗链。

3. 文件伪装

文件伪装是目前用得最多的一种反盗链技术,一般会结合服务器端动态脚本(PHP、JSP、ASP)实现。文件伪装使得用户请求的文件地址只是一个经过伪装的脚本文件,真实的文件隐藏在用户不能够访问的地方,这个脚本文件通过检查 Session、Cookie 或 HTTP Referer 对用户的请求进行认证,判断是否为盗链操作,如果用户通过验证,则将真实文件返回给用户。图 4-18 显示了一个终端用户请求文件 a. zip 的全过程。

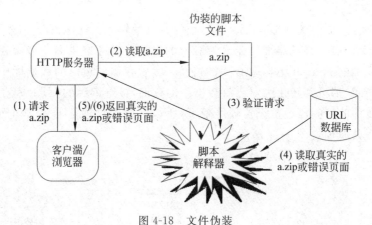

图 4-18 文件伪装

4. 加密认证

采用这种反盗链方式时,先从客户端获取用户信息,然后将这个信息和用户请求的文件名一起加密成字符串(Session ID)进行身份认证。只有当认证成功以后,服务器端才会把用户需要的文件传送给用户。加密的 Session ID 通常作为 URL 参数的一部分传递给服务器,由于这个 Session ID 和用户的信息挂钩,所以攻击者就算是盗取了链接,其

Session ID 也无法通过身份认证，从而达到反盗链的目的。这种方式对于分布式盗链非常有效。加密认证过程如图 4-19 所示。

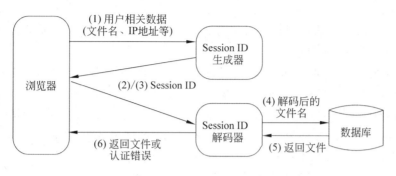

图 4-19　加密认证过程

4.6　文件上传与下载攻击

现在大多数的网站都提供文件上传、下载功能，特别是一些社交网站或者一些企业级的应用网站，允许上传头像和共享文件等，文件上传与下载已经成为一个必不可少的功能模块。但是上传文件对于 Web 应用程序来说是一个非常大的威胁，因为很多攻击的第一步就是把代码放到 Web 服务器上，然后通过其他技术手段执行代码，而上传文件可以帮助攻击者完成这一步。近几年，也出现了很多关于文件上传和下载的问题，虽然有一部分是由于输入验证没有做好导致的，但究其原因，还是访问控制和授权没有做好。本节将介绍一些常见问题及其预防方法。

4.6.1　文件上传攻击原理

大部分的网站和应用系统都提供文件上传功能，有些文件上传功能并不严格限制用户文件后缀及文件类型，导致攻击者向一些可通过 Web 访问的目录上传任意的 HTML、ASP、PHP 等文件，并能够将这些文件传递给相应的解析器，攻击者即可在远程服务器上执行上传的恶意脚本。

当系统存在文件上传漏洞时，攻击者可以将病毒、木马、WebShell 及其他恶意脚本或者包含脚本的图片上传到服务器，这些文件将为攻击者的后续攻击提供便利。根据具体漏洞的差异，此处上传的脚本可以是后缀为 php、asp 以及 jsp 的脚本，也可以是篡改后缀后的这几类脚本。

文件上传后导致的常见安全问题如下：

（1）上传的文件是 Web 脚本语言，服务器的 Web 容器解释并执行了用户上传的脚本，导致代码执行。

（2）上传的文件是 Flash 的策略文件 crossdomain.xml，攻击者可以用它来控制

Flash 在该域下的行为(其他控制策略文件的情况与之类似)。

(3) 上传的文件是病毒、木马文件,主要用于诱骗用户或者管理员下载执行或者直接自动运行。

(4) 上传的文件是钓鱼图片或者包含脚本的图片,在某些版本的浏览器中会被作为脚本执行,用于钓鱼和欺诈。

(5) 上传的文件是 WebShell,攻击者可通过这些网页后门执行命令并控制服务器。

除此之外,还有一些不常见的攻击方法。例如,将上传文件作为一个入口,使服务器的后台处理程序溢出,如图片解析模块。又如,上传一个合法的文本文件,其内容包含了 PHP 脚本,再通过本地文件包含(Local File Include)漏洞执行此脚本。

攻击者若想完成文件上传攻击,要满足以下 3 个条件:

(1) 上传的文件能够被 Web 容器解释执行。即文件上传后存储的目录应是 Web 容器覆盖到的路径。

(2) 用户能够从 Web 访问这个文件。如果文件上传了,但用户无法通过 Web 访问,或者无法得到 Web 容器解释这个脚本,那么也不能称为上传漏洞。

(3) 用户上传的文件若被安全检查、格式化、图片压缩等功能改变了内容,则也可能导致攻击不成功。

文件上传漏洞出现的原因有以下几种:上传可执行的文件、上传文件并发性控制不当、存储文件过多导致性能降低以及由 Web 服务器自身缺陷引起的漏洞。

1. 上传可执行的文件

上传可执行文件主要是指上传可以在 Web 应用服务器上执行的文件,这些文件的后缀大多是 jsp、asp、aspx、asa、hdx、cer、exe、bat 等,如果上传成功,就可以通过访问这些可执行的文件在 Web 应用服务器上执行一些攻击者想做的操作。这种攻击可能的危害包括:被恶意构造的文件有可能被利用来传播病毒、木马;文档有可能包含攻击代码,保存文档的服务器被利用来作为攻击行为的一部分;Flash、PDF 文档有可能存在跨站问题;有些不恰当的内容也会给产品造成恶劣影响,例如,管理员无意上传一个包含钓鱼信息的网页到 Web 服务器的路径下,覆盖了原来的正常文件,如果用户访问到这个页面,就可能遭到钓鱼攻击。以上任何一个问题的发生都会对网站造成很大的影响,甚至被黑客利用,通过木马或者病毒控制 Web 服务器。

一些 Web 应用程序在读取文件前,会对提交的文件后缀进行检测,攻击者可以在文件名后放一个空字节的编码来绕过这样的文件类型检查,据此可以判断有 00 上传漏洞的存在。00 上传漏洞就是在文件名中含有十六进制 00。例如,test.jsp%00.jpg,在上传这个文件时,扩展名 jpg 是合法的,但是在具体的代码中,由于%00 被解析为空字符,导致扩展名 jpg 被丢弃,上传的文件名就变成了 test.jsp,而且文件 test.jsp 被上传到 Web 服务器。如果上传的路径没有设置为禁止执行,那么攻击者就可以通过 test.jsp 进行一些攻击操作。

2. 上传文件并发性控制不当

很多网站对于一个用户的登录次数没有限制,也就是说,一个用户可以在多台机器同时登录。这样就存在一个用户同时上传多个文件的问题。如果一个用户在服务器上的最大可用空间为 100MB,机器 A 上传一个 60MB 的文件,同时机器 B 也上传一个 60MB 的文件,由于 Web 应用程序大部分是多线程的,所以在判断服务器空间是否足够容纳上传的文件时,A、B 上传文件空间都是足够的。随后 A 和 B 都同时开始上传,这样就导致可上传的文件超过了服务器限制的最大空间,通常用户认为服务器空间都有一定的余地,多上传一些也无关紧要。如果一个用户同时在 10 台机器上上传文件,就大大降低了服务器的空间利用率,而且会影响其他用户上传文件的空间。在极端情况下,甚至可以利用这种方式发动 DoS 攻击。

3. 存储文件过多导致性能降低

如果用户上传的文件很多,而且都保存在根目录下,将会导致访问文件的速度下降,这就需要一个很好的文件管理策略。在上传文件时,做好索引管理,可以根据文件名的哈希算法结果或者 base64 编码结果,按首字母建立子目录,这样就可以将上传文件分散在多个子目录中。如果每一个子目录中仍然有很多文件,在每一个子目录下,可以取前两个字母,再划分子目录。

4. 由 Web 服务器引起的漏洞

上面说的几个问题是在应用程序开发阶段能够发现和避免的,但是有时一些 Web 服务自身有问题,从而导致一些上传问题,比较有名的有 Apache 文件名解析漏洞以及 IIS 上传漏洞。

1) Apache 文件名解析漏洞

Apache 文件名解析时从第一个点后面开始检查后缀,按第一个合法后缀执行。例如,test. php. rar 本来应该被解析为 rar 文件,应用程序也可能判断为 rar 文件,但是,因为 Apache 只解析 php 而不解析后面的 rar,所以 test. php. rar 会被解析为 test. php,从而变得可以执行。

2) IIS 上传漏洞

IIS 6. 0 目录名里包含".asp",导致其目录下的任意文件均被当作 asp 文件来对待。例如把 Webshell. gif 保存到目录名为 test. asp 的目录中,其文件的存储路径就表示为 test. asp/Webshell. gif,在 IIS 6. 0 下访问 http: //www. example. com/test. asp/Webshell. gif 时,Webshell. gif 将被当作 asp 文件来解析。

对于这样的问题,在加强程序自身逻辑检查的同时,也需要注意及时跟踪业内的新闻,发现问题就及时更新补丁或者修改配置文件。

4.6.2　文件上传攻击防范

1. 文件上传漏洞检测

可以采用以下几种方法防止文件上传漏洞的出现。

(1) 将文件上传的目录设置为不可执行。只要 Web 容器无法解析该目录下面的文件,即使攻击者上传了脚本文件,服务器本身也不会受到影响,因此这一点至关重要。

(2) 判断文件类型。可以结合使用 MIME Type、后缀检查等方式判断文件类型。在文件类型判断中，对于图片的处理，可以使用压缩函数或者 resize() 函数，在处理图片的同时破坏图片中可能包含的 HTML 代码。

（3）使用随机数改写文件名和文件路径。上传的文件如果要执行代码，则需要用户能够访问到这个文件。在某些环境中，用户能上传文件，但不能访问文件。如果使用随机数改写文件名和路径，将极大地增加攻击的成本。像 Webshell.asp 这类文件也将因为重命名而无法实现攻击。

2. 文件上传攻击防范方法

由于文件上传漏洞产生的原因很多，危害也很严重，在实现的过程中需要从客户端和服务器端共同防御。

1）客户端

客户端应对上传文件的类型和名字进行判断，限制上传有可能对网站造成伤害的文件类型，防止用户直接上传恶意文件。不过客户端验证一般并不能保证安全，客户端验证是为了防止用户输入错误，减少服务器开销，服务器端验证才可以真正防御攻击者。

2）服务器端

服务器端需做好输入验证，对文件的长度和可接受的大小限制要设置在合理的范围内，对于文件类型要使用白名单过滤，不要使用黑名单过滤。在后台最好不要有添加扩展名的功能，以防攻击者得到管理员权限，可以添加上传文件的类型。可以通过配置文件配置支持的文件类型，这样也比较容易扩展。对于 00 上传漏洞问题，要确定 %00 这样的 URL 编码在何时被解码，在解码之后再判断扩展名是否合法。例如，在 JSP 中，调用 request.getParameter() 之后，URL 编码的参数会被解码，%00 会恢复为空字符，在 request.getParameter() 调用之后再判断参数是否合法就可以避免 00 上传漏洞问题。

对于一些特殊字符串（如 ../）一定要做好过滤。如果含有不合法的字符串，要及时发现并且进行异常处理，不要尝试纠正错误，因为在纠错的过程中又可能引入新的问题，而且在这种情况下，引入新的漏洞的概率比较大。也可以使用应用系统自己的命名规则而不使用用户提供的文件名。还可以使用文件的 ID，再通过一个映射关系匹配到用户提供的文件名。

对于上传的文件要限制在固定的路径下，而且将路径的权限设置为只读，以防上传的文件被执行。需要注意的是：如果有写的权限也可能导致文件被执行。

4.6.3 文件下载攻击原理

与文件上传对应的是文件下载以及由文件下载导致的路径遍历问题。虽然下载漏洞引起的危害没有上传那么严重，但是如果文件下载控制不好，也会导致服务器的很多敏感信息甚至是产品的源代码和配置信息被泄露。

1. 浏览器嗅探问题

文件下载容易出现的问题是，当一个用户获得一个文件的下载权限时，他可以通过修改文件名或者文件 ID 下载别的用户的私有文件。例如，访问一个文件的 URL 可能如下：

```
http://www.example.com/?filename=1
```

一般在遇到这样的 URL 时,攻击者都会很敏感地想到,如果将 URL 为修改

```
http://www.example.com/?filename=2
```

结果会怎么样。

另外,由于浏览器有 MIME 嗅探功能,可根据嗅探到的内容来决定文件的类型。在嗅探内容的时候,各个浏览器用不同长度的缓冲区缓存嗅探到的内容,而且实现的原理也不一样,不同的浏览器的实现也可能会导致问题的发生。部分浏览器嗅探缓冲区长度如表 4-3 所示。

表 4-3　部分浏览器嗅探缓冲区长度

浏　览　器	嗅探缓冲区大小/KB
Firefox	1
Safari	1
Chrome	1

在下载的时候,浏览器会根据缓冲区的长度嗅探文件的内容,如果嗅探的内容中含有和脚本代码一样的文本内容,可能会将嗅探到的文本内容当作脚本代码执行。IE 6.0 就存在这样的问题,但现在 IE 6.0 已经很少有人用了。只要访问的 Web 页面没有关于 Content-Type 的定义,所有的浏览器都会尝试嗅探内容,进而根据内容判断文档的类型。所以,一定要设置 Content-Type,而且要设置得正确。例如,下载的是 PDF 文件,可以设置 HTTP 头的 Content-Type 为

```
Content-Type:application/pdf
```

如果没有 Content-Type,而且浏览器也没有根据嗅探的内容分析出文件类型,默认按 Text/HTML 格式处理。

2. 路径遍历问题

在网络上经常会进行文件交换或者共享信息,如果用户只是想共享某个路径下的一个或者几个文件,当系统使用用户提供的文件名组成最终的文件名的一部分或者全部时,就有可能导致访问指定文件夹以外的文件夹。攻击者可以使用多个“..”导致操作系统跳到限制路径以外的路径甚至整个系统,出现路径遍历问题。它可以使攻击者突破应用程序的安全控制,泄露服务器的敏感数据,包括配置文件、日志、源代码,使得攻击者可以很容易地获得更高权限的信息。例如下面这个 URL:

```
http://www.example.com/?filename=/../../../../../../../../../../etc/
passwd
```

访问这个 URL 可能的后果就是下载服务器系统的/etc/passwd 文件。由于这个 URL 在 Web 服务器中会被判断为不是一个 HTML 或者其他的 Web 常用的文件扩展名,因此可能会被拒绝,那么可以尝试如下:

```
http://www.example.com/?filename=/../../../../../../../../../../etc/
passwd%00.html
```

通过%00.html 欺骗 Web 应用程序,使该文件被判断为 HTML 文件,但是到具体的后端实现时,%00 会被解析为空字符,导致访问的还是/etc/passwd 文件。

有的网站意识到由".."引起的路径遍历问题,于是使用了一种替代方案,采用具体的 ID 来代替路径名和文件的访问方法。表 4-4 就是一个使用 ID 来替代具体文件名的目录结构。

表 4-4 使用 ID 代替具体文件名的目录结构

一 级 目 录	二 级 目 录
1	11
2	21
3	31

一级目录是用户 ID,用户 ID 目录下面管理着这个用户的文件。这看起来非常好地解决了".."引起的问题。访问时,URL 会变成如下的形式:

```
http://www.example.com/?filename=1|11
```

表示访问用户 1 的 11 文件或者文件夹,从输入环节杜绝了"..."出现和被利用的可能。不过这也很容易引起另一个问题:如果攻击者知道别人的用户 ID,就可以猜测他的文件的存放路径,然后通过这个猜测的路径尝试访问他的文件。例如,攻击者知道了一个用户 ID 是 2,于是猜测他的第一个文件或者文件夹可能为 21,那么就会得出他的文件的访问 URL:

```
http://www.example.com/?filename=2|21
```

如果服务器端没有很好地检查文件夹的所属权,就会导致路径遍历的问题。但是,攻击者只能在指定的路径下遍历,而不是遍历整个系统的路径。

4.6.4 文件下载攻击防范

1. 文件下载漏洞检测

文件下载漏洞检测主要有以下两种方法:可以直接登录用户得到访问文件或者资源的 URL,再退出登录状态,换一个浏览器后再访问这个 URL,看是否可以直接访问;也可以通过 Google、Bing 等搜索引擎查看网站的敏感资源或者文件是否被索引,是否可以被第三方访问。

关于路径遍历基本上都使用手工检测。在检测时,首先检查请求中是否有文件相关的请求参数,是否有不同寻常的文件扩展名,是否有敏感的变量名。例如,file、item 变量的值是一个文件名,可以插入恶意字符串"../../../../etc/passwd"以包含 Linux、UNIX 系统密码散列文件。显然,这种攻击只有在输入验证检查失败后才可能进行,而且根据文件系统的权限设定,Web 应用程序本身必须能够读取该文件。为了成功测试,在测试之前可以通过 HTTP 头中的 Server 域的值判断所测试的系统,例如针对 IIS Web 服务器请求/etc/passwd 文件是毫无意义的。如果 Server 域的值已经被模糊化,可以获得一个页面的访问地址,然后修改这个页面文件的名字为大写(如果已经是大写,可以修改为小写)。如果页面不存在,说明服务器使用的是 UNIX 系列的操作系统;如果页面仍然能够正常返回内容,那么服务器可能是 Windows 操作系统,因为 Windows 操作系统对大小写不敏感。

知道了操作系统类型之后,下一步就是根据目录中的分隔符构造数据。每一个操作系统使用不同的字符作为目录分隔符。几个操作系统的根目录和目录分隔符如表 4-5 所示。

表 4-5　OS 根目录和目录分隔符

操 作 系 统	根　　目　　录	目录分隔符
UNIX 系列	/	/
Windows	<drive name>:	/或者\
Mac OS	<drive name>:	:

另外,开发者通常犯的错误在于没有想到使用所有可能的编码形式,因此只验证了基本的内容,却没有考虑到编码之后的内容。如果第一次测试字符串没有成功,尝试另一种编码方案就有可能绕过输入验证。典型的 URL 和 UTF-8 目录特殊字符编码如表 4-6 所示。

表 4-6　目录特殊字符编码

原 字 符 串	URL 编码	UTF-8 编码
.	%2e	
/	%2f	
\	%5c	
:	%3a	
../	%2e%2e%2f	..%c0%af
..\	%2e%2e%5c	..%c1%9c

根据系统选择具体的目录分隔符,然后,再根据目录分隔符选择相应的 URL 和 UTF-8 目录特殊字符编码进行测试。

2. 文件下载攻击防范

文件下载攻击防范主要采用以下几种方法:

(1)输入验证。将不合法的字符过滤掉,但是,过滤不是简单地将“../”删除,因为即使删除特殊的字符,还有可能通过构造递归的内容绕过过滤,例如“../..//”,删除“../”之后,结果还是“../”,如果再进行一次删除操作,结果会如何呢?答案是:还是可以通过进一步嵌套来绕过这种过滤。最好检测到有非法的字符或者字符串就抛出异常,不要尝试把一个无效的而且可能造成威胁的请求纠正为一个有效的、没有威胁的请求,这虽然有可能成功,但受益很小。判断请求无效后即返回客户端一个错误信息,做过多处理往往会适得其反。

(2) 在程序验证参数的有效性之前,先对输入的参数进行解码或者规范化。应确保系统不会对同样的参数解码两次,否则攻击者可以利用这个问题绕过白名单验证。关于路径的规范化,可以使用语言内嵌的路径规范化函数,它通过有效地移除".."和符号链接,可以产生一个路径名的规范版本。各个语言的规范化函数接口如表 4-7 所示。

表 4-7　各个语言的规范化函数接口

语　　言	规范化函数接口
C	realpath()
Java	getCanonicalPath()
ASP. NET	GetFullPath
Perl	realpath() 或者 abs_path()
PHP	realpath()

(3) 使用 ID 替换文件夹和文件名,使得整个输入由路径名变为一个表示 ID 的字符串,这种方法很容易验证 ID 的有效性,进而可以拒绝其他可能导致问题的输入。不过,每次访问时都需要确保只有文件所有者或者管理员可以做增删改操作,其他的人只能访问被共享的文件。

(4) 将用户提供的文件名保存在数据库中,只在显示的时候使用;在文件系统创建的时候,使用系统自己生成的一个随机的名字,这个随机的名字也保存在数据库中,用于匹配用户提供的原始文件名。这样可以有效地避免文件上传与下载的问题,也可以有效地解决在不同的操作系统中上传与下载文件的问题(不同的操作系统的文件分隔符不一样,在 MAC 系统中就可以创建文件名含有"/"的文件)。

4.7　Web 服务器敏感信息泄露

攻击者对 Web 服务器进行攻击的时候,首先通过各种渠道获取 Web 服务器的各种信息,尤其是 Web 服务器的各种敏感信息。Web 服务器的敏感信息包括 Web 服务器的名称、操作系统类型、版本号、数据库类型以及应用软件使用的开源软件信息等。一旦攻击者掌握了敏感信息,就会利用服务器版本存在的公开漏洞进行专门攻击。例如,若攻击者通过获取目标 Web 服务器敏感信息了解到 Web 服务器所使用的 Tomcat 服务器的版本信息,则攻击者可从网上搜集该版本的 Tomcat 服务器公开的漏洞信息,然后利用已知的漏洞对 Web 服务器进行攻击。

4.7.1　敏感信息泄露原理

Web 服务器一般是指网站服务器,网站服务器中存储着各种页面文件、数据文件和应用程序等供用户浏览和下载。Web 服务器通常采用浏览器/服务器(Browser/Server)模式,由用户的客户端浏览器向服务器发起访问页面的请求。请求通常采用 HTTP,该协议采用的是请求/响应模型,其中响应信息包括响应行、响应头和响应体 3 部分。在响应头信息中,通常包含字段 Server 和 X-Powered-By。Server 指 Web 服务器类型,包括服务器名和版本号;X-Powered-By 指程序支持,它说明网站是用哪种语言或框架编写的。例如在搜索引擎中输入 powered by discuz,即可找到很多使用 discuz 开源系统搭建的网站。若攻击者了解到网站所用语言或框架,则可根据此种开源框架的漏洞对网站进行攻击。图 4-20 显示了搜索 powered by discuz 的结果。

图 4-20　搜索 powered by discuz 结果

Web 服务器泄露的敏感信息让攻击者的攻击时间极大地缩短,攻击者可以利用泄露的服务器版本信息直接查询利用对应 Web 服务器的版本漏洞来进一步入侵系统,从而获取后台登录路径、数据库地址、服务器部署的绝对路径、IP 地址、地址分配规则和网络拓扑等信息。另外,Web 服务器敏感信息的泄露也会招来其他试探性的攻击者进行尝试攻击,导致服务器处于危险境地。所以 Web 应用防火墙需对经过的数据包进行检测防护,防止 Web 服务器敏感信息的泄露,具体防护方法在 4.7.2 节简要描述。

通常响应信息并不会直接显示,如果想获取响应信息,需要用抓包工具对传输的数据进行抓取。不同抓包工具有各自的优缺点,能适应不同的需求。例如 Burp suite 就是较为常用的一种抓包工具。Burp suite 的工作方式是在客户端和服务器之间设置 HTTP 代理,记录客户端和服务器之间的所有 HTTP 请求,它可以针对特定的 HTTP 请求,分析请求数据,设置断点,调试 Web 应用,修改请求的数据,甚至可以修改服务器返回的数据,功能非常强大。

图 4-21 为抓包得到的响应头信息,从中可以看到,目标 Web 服务器为 IIS,X-Powered-By 后的信息是 WAF/2.0,此处 WAF/2.0 说明 Web 服务器已经设置了 WAF 防火墙以保护服务器敏

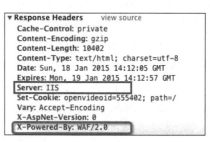

图 4-21　Web 服务器响应头信息

感信息,使攻击者无法看到网站实际用的语言框架。

下面是几种常见的敏感信息泄露方式。

1. Banner 收集

Banner 收集是一种常见的收集敏感信息的方式,也称为主动侦察。攻击者向目标 Web 服务器发送请求,以收集目标 Web 服务器更多的信息。如果 Web 服务器配置得当,Banner 收集很难涉及 Web 服务器的敏感信息;但如果 Web 服务器系统配置不当,攻击者就能轻易获取 Web 服务器的敏感信息,如 Web 服务器的版本、PHP 编程语言版本和 OpenSSH 版本等。

如图 4-22 所示,攻击者利用 Nmap 扫描器对目标 Web 服务器进行端口扫描,扫描结果显示目标服务器开启了 22 端口,OpenSSH 版本号是 5.9p1。得知这些信息后,攻击者就可以在网上查找 OpenSSH 5.9p1 版本是否存在安全漏洞。如果此版本存在公开的漏洞和漏洞利用的 POC 代码,而且服务器的安全运维人员还未修复服务器的漏洞,攻击者就可以使用这些公开的漏洞和漏洞利用的 POC 代码对目标 Web 服务器进行攻击。

```
Nmap scan report for example.com (x.x.x.x)
Host is up (0.037s latency).
Not shown: 999 filtered ports
PORT STATE SERVICE VERSION
22/tcp open ssh OpenSSH 5.9p1 Debian 5ubuntu1.3 (Ubuntu Linux; protocol 2.0)
Service Info: OS: Linux; CPE: cpe:/o:linux:linux_kernel
```

图 4-22　Web 服务器的 Nmap 扫描结果

2. 源码泄露

当 Web 应用程序的后端环境代码暴露给不涉及应用程序开发的用户时,会产生源代码泄露问题。攻击者可通过泄露的源代码找到代码中的逻辑缺陷或从中分析出更多漏洞,如 SQL 注入漏洞和文件上传漏洞等。攻击者还可以查看源代码中是否存在硬编码的用户名和密码或者 API 的密钥,借助收集到的用户手机号和姓名等隐私信息,入侵 Web 服务器后台获取更高的权限。

MIME 类型不正确是导致源码泄露的一种典型原因。

多用途互联网邮件扩展类型(Multipurpose Internet Mail Extensions,MIME)是一种设定某种扩展名的文件用某种应用程序来打开的方式类型。浏览器通过 HTTP 响应头中的 Content-Type(内容类型,用于定义网络文件的类型和网页的编码)内容来确定如何解析 HTTP 服务器响应返回的内容。如果 Web 服务器没有为包含源代码的网页发送适当的 Content-Type 头部,网页源代码就可能出现泄露问题。例如,当用户访问 html 文件时,若 Conten-Type 的类型是 text/plain 而不是 text/html,html 文件将会以纯文本的形式在浏览器上展现,源代码和其他 Web 服务器的敏感信息都会被显示在页面上。

假设一个 Web 服务器原来运行 PHP,而现在运行 ASP.NET。当用户访问由旧的 Web 应用程序使用的并具有敏感信息(如 MySQL 数据库凭据)的 PHP 脚本时,若 PHP

没有在 Web 服务器上运行和配置,Content-Type 将从 HTTP 响应中省略,则 PHP 脚本被解释为纯文本还是 HTML 标记将具体取决于 Web 浏览器,源代码中的重要信息就可能会被泄露。

图 4-23 显示谷歌 Chrome 浏览器返回为纯文本的情况,在网页上可直接看到源码。

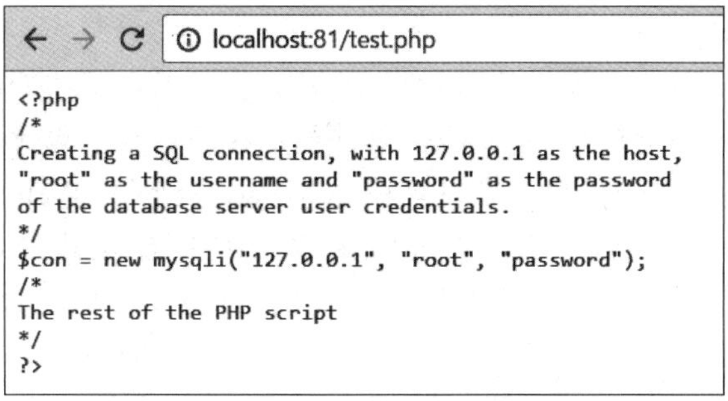

```php
<?php
/*
Creating a SQL connection, with 127.0.0.1 as the host,
"root" as the username and "password" as the password
of the database server user credentials.
*/
$con = new mysqli("127.0.0.1", "root", "password");
/*
The rest of the PHP script
*/
?>
```

图 4-23　Chrome 浏览器返回的源码

3. 处理敏感信息不当

有时硬编码的用户名、密码以及内部 IP 会在代码注释中泄露,攻击者只需右击页面,在快捷菜单中选择"查看网页源代码"命令,就可以看到这些注释。而 Web 服务器的内部 IP 地址能使攻击者识别和了解内部网络拓扑。如果攻击者从注释中获取到这些敏感信息并将其用于攻击 Web 服务器内部服务,将对 Web 服务器造成巨大打击,例如用服务器端请求伪造(SSRF)攻击来攻击多个系统。

此外在网站的使用过程中,需要对网站中的文件进行修改、升级,因此会对整个网站或者其中某一页面进行备份。当备份的文件或者修改过程中的缓存文件被遗留在网站的 Web 目录下,而该 Web 目录又没有设置访问权限时,备份文件或编辑器的缓存文件就有可能被攻击者下载,导致 Web 服务器敏感信息泄露。

4. 错误信息页面

如果 Web 服务器对用户输入的处理不正确或 Web 服务器的配置不当,Web 服务器后端就会出现异常。攻击者可以在 Web 应用程序、错误页面和调试信息等的响应信息中看到 Web 服务器的文件名或文件路径等底层系统结构信息,攻击者还可以发送访问请求,利用错误页面信息来验证 Web 服务器上是否存在某个文件夹或文件。

例如,当发送以下请求时,Web 服务器返回 403(禁止)响应:

```
https://www.example.com/%5C../%5C../%5C../%5C../%5C../etc/passwd
```

但是当攻击者发送以下请求时,Web 服务器返回 404(没有文件)响应:

```
https://www.example.com/%5C../%5C../%5C../%5C../%5C../etc/doesntexist
```

攻击者在第一个请求中得到了 403 Forbidden 响应,而在第二个请求中得到了 404 Not Found 响应,因此攻击者可以了解到在第一种情况下该文件存在。

5. 默认目录显示功能

目录遍历(路径遍历)是由于 Web 服务器或者 Web 应用程序对用户输入的文件名、路径的安全性验证不足而导致的一种安全漏洞,使得攻击者利用一些特殊字符就可以绕过服务器的安全限制,访问 Web 服务器目录中的任意文件,甚至可以是 Web 根目录以外的文件,以及执行系统命令。

在 Web 服务器中有默认提供的目录显示功能,当目录显示功能没有关闭且网站没有设置默认网页时,网站会暴露出 Web 服务器并显示访问目录中包含的文件和目录。假设在扫描 Web 服务器的端口时,攻击者发现在 8081 端口运行的 Web 服务器会默认启动目录显示功能,并且 Web 服务器管理员忘记关闭此默认功能,则攻击者可利用默认目录显示功能浏览该目录甚至访问 Web 服务器的源代码、备份文件以及数据库文件,更可由此利用目录遍历漏洞,通过输入"../"和"./"之类的目录跳转符提交目录跳转来遍历服务器上的任意文件,造成更加严重的后果。

例如,在 Apahce 服务器上有一个默认文件名为 index.php,若 index.php 没有被上传到 Web 服务器,服务器就会将文件夹中的内容全部展示出来,暴露文件和目录。

4.7.2　敏感信息泄露检测

随着企业信息系统的不断扩大,接入信息系统的终端和服务器不断增多,导致信息外泄的渠道大幅增加,安全风险无处不在。Web 服务器敏感信息泄露严重威胁着 Web 服务器的安全,因此设置 Web 应用防火墙(WAF)对经过的数据包进行检测防护十分必要。WAF 常需保护的有下述 3 种敏感信息:Server、X-Powered-By 和用户自定义的信息。通过在 WAF 中编辑敏感信息检测规则,可有效防止 Web 服务器敏感信息的泄露。

在 WAF 的敏感信息检测规则中可以设置例外 URL、检测位置、敏感信息和处理动作等。当客户端向 Web 服务器发起请求,服务器返回响应消息后,WAF 引擎首先检测响应数据包的 URL,将响应数据包的 URL 与设定的例外 URL 进行比较,如果符合则放其通行,否则根据设定的检测位置检测响应数据包中对应位置的数据,再将检测位置的数据和设定的敏感信息进行比较,如果不符合则放其通行,否则根据预先设定的处理方式处理此响应数据包。

4.7.3　敏感信息泄露防范

下面介绍 Web 服务器防范敏感信息泄露的其他几种方式。

1. 关键词检测

右击网页,在快捷菜单中选择"查看网页源代码"命令,通过在源代码中按 Ctrl+F 键输入常见的泄露点关键词 phone、email、ip 等来检测是否有电话、邮件地址、IP 地址等用户信息在源代码中暴露。

特别是对于 JS 文件泄露后台管理敏感路径及 API 的检测,在遇到企业后台或者类似服务时,查看页面引入的 JS 文件后,在文件中搜索".html"".do"".action"等关键词会帮助快速发现漏洞。

2. 严格控制服务器的写权限

在一些内容比较多、结构比较复杂的 Web 服务器中,往往多个用户都对服务器具有写入的权限。例如某网站由专人分别负责新闻板块和博客板块等。大量用户对网站服务器都具有写入的权限,具有写入权限的用户会给 Web 服务器带来一定的安全隐患。例如某个用户的密码泄露,攻击者就可乘机对服务器进行破坏。这种情况下,防范措施的基本原则就是给予用户最小的权限。例如可以根据网站板块的不同,将相关的内容放置到对应的文件夹中,每个特定的用户只能够访问自己负责内容的文件夹。这样即使某个管理员的用户密码泄露,也只影响一个文件夹,而不会对其他用户的文件夹产生不利影响。此外最好不要将 Web 服务器同其他的应用服务放置在一起。一些企业为了节省成本,将Web 服务器与文件服务器等部署在同一个服务器上,这是一种非常危险的方式。

3. 对 IIS 目录采用严格的访问策略

IIS 目录是 Web 服务器中很重要的一个目录,控制着 Web 服务器的运行,因此在规划 Web 服务器安全的时候,要对其进行特别的关注。但在实际工作中,这个目录却没有引起用户足够的注意,用户大多直接使用系统的默认设置,也没有进行后续的追踪,这些行为都有可能成为以后网站被黑、服务器瘫痪的起因。对于 IIS 目录的安全,有以下两点防范措施。一是需要对 IP 地址、子网、域名等加以限制。如果根据追踪发现某个不知名的 IP 地址经常 ping Web 服务器,此时就需要及时地将这个 IP 地址拉入黑名单,禁止其访问 IIS 目录。二是需要做好追踪、分析工作。管理员可以使用一些软件来记录用户对 IIS 目录的访问,例如是否有用户试图越权访问其没有权限的目录,等等。

4. 加密存储

个人数据必须加密存储,且要使用安全的加密算法,具体可以分为以下 3 种情况:

(1) 对于本地存储且需要密文-明文转换的数据,使用 AES128 及以上的安全加密算法。

(2) 对于使用于认证场景的不需要可逆的数据,可以采用 SHA256 及以上的安全Hash 算法,如 PBKDF2 等,需要加盐值(采用安全随机数,防止彩虹表攻击)。

(3) 对于跨信任网络传输的敏感数据,需要使用非对称加密算法(公钥加密,私钥解密),如 RSA2048 及以上算法。

5. 制定统一出错页面

应用程序运行出错容易造成敏感信息的泄露,如某些网站的程序堆栈信息直接显示在页面上,暴露了 Web 服务器的名称和版本信息。解决这个问题的办法就是制定统一出错页面,杜绝显示此类敏感信息到 Web 客户端。

6. 禁止明文传输

禁止敏感信息明文传递到 Web 客户端,最好能不传递就不传递。禁止将敏感信息打印到堆栈或者日志中,禁止敏感信息明文存储在文件或数据库中,同时保存敏感信息的文件要严格控制访问权限。在很多信息泄露的实例中,都是因为敏感信息明文储存导致的。

7. 做好操作审计

1）文档全生命周期审计

完整而详细地将文档从创建之初到访问、修改、移动、复制，直至删除的全生命周期内的每一项操作信息记录下来，同时记录共享文档被其他计算机修改、删除、改名等操作。另外，对于修改、删除、打印、外发、解密等可能造成文档损失或外泄的相关操作，在操作发生前及时备份，可以有效防范文档被泄露、篡改和删除。

2）文档传播全过程审计

细致记录文档通过打印机、外部设备、即时通信工具、邮件等工具进行传播的过程，有效防范重要资料被随意复制、移动从而造成信息泄露。

8. 管控操作授权

1）文档操作管控

控制用户对本地、网络等各种位置的文件甚至文件夹的操作权限，包括访问、复制、修改、删除等，防范非法的访问和操作。企业可以根据用户不同的部门和级别设置不同的文档操作权限。

2）移动存储管控

规定移动存储设备在企业内部的使用权限。可以禁止外来 U 盘在企业内部使用，做到外盘外用；同时还可对内部的移动盘进行整盘加密，使其只能在企业内部使用，在外部则无法读取，做到内盘内用。

3）终端设备规范

通过限制 USB 设备、刻录、蓝牙等各类外部设备的使用，有效防止信息通过设备外泄。

4）网络通信控制

控制用户经由 QQ、微信、MSN 等即时通信和 E-mail 等网络应用发送机密文档，同时也要防止通过上传、下载和非法外联等方式泄露信息。

思　考　题

1. 简述 SQL 注入的原理。
2. SQL 注入攻击有哪几种方式？如何对 SQL 注入攻击进行防护？
3. 简述跨站脚本（XSS）攻击的前提条件。XSS 攻击有哪几种方式？
4. 如何对 XSS 攻击进行检测？采用的防范措施包括哪些？
5. 简述跨站请求伪造（CSRF）攻击的原理？如何利用 CSRF 进行攻击？
6. CSRF 攻击的检测方法有哪些？如何对 CSRF 攻击进行防范？
7. 恶意流量攻击的技术手段有哪些？
8. 简述爬虫攻击的原理。如何对爬虫攻击进行防范？
9. 简述盗链攻击的原理。防盗链技术有哪些？
10. 简述文件上传攻击对网站安全使用的影响。文件上传攻击的防范措施有哪些？

11. 简述文件下载攻击的原理及防范技术手段。
12. 简述敏感信息泄露的原理。如何对敏感信息泄露进行检测？
13. 简述敏感信息泄露的防范方法。
14. 简述弱密码攻击的方法。
15. 简述弱密码的两种检测方法。

第 5 章

网页防篡改

在社会信息化高速发展的今天,人们已经习惯通过浏览器和 APP 等客户端去访问 Web 网站,完成信息检索、网上购物和网上办公,攻击者对网站的攻击方法和手段也在不断变化,网页篡改就是针对 Web 网站、危害性极大的攻击方法之一。网页被篡改后,用户访问的页面是被攻击者篡改后的页面,可能会遭受极大的危害,导致财产损失。本章将介绍网页篡改的原理和防范技术。

5.1 网页篡改的原理

网页篡改通过恶意破坏或更改网页内容导致网站无法正常工作。攻击者利用网站漏洞破坏和篡改网站信息,给网站所属组织机构带来重大的经济损失,并造成恶劣的社会影响。攻击者利用假冒页面模仿知名网站,误导用户输入用户名和口令等隐私信息;有的攻击者在 Web 服务器的网页中插入木马程序感染访问者的计算机,导致访问者计算机的系统崩溃、数据损坏和银行账户被盗等严重后果。据统计,2017 年中国境内被篡改的网站数量为 60 684 个,被篡改的网站月度统计如图 5-1 所示。

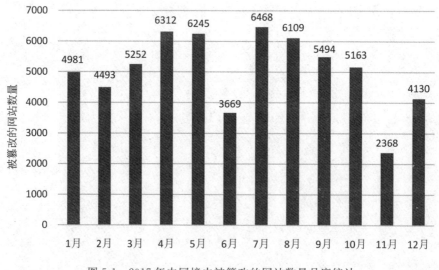

图 5-1　2017 年中国境内被篡改的网站数量月度统计

从网页被篡改的方式来看,被植入暗链的网站占全部被篡改网站的 68.0%,仍是中

国境内网站被篡改的主要方式,但占比较前两年有所下降。从中国境内被篡改网页的顶
级域名分布来看,.com、.net 和.cn 占比列前三位,分别占总数的 65.7%、7.6% 和
3.1%。2017 年中国境内被篡改网站域名类型分布如图 5-2 所示。

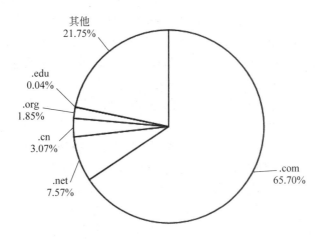

图 5-2　2017 年中国境内被篡改网站域名类型分布

虽然目前已有防火墙、入侵检测等各种网络安全防范手段,但由于 Web 应用系统复
杂多样,各种漏洞层出不穷,攻击者利用各种攻击手段攻击 Web 服务器,导致 Web 网站
的网页被篡改,从而造成严重的后果。

5.2　攻击者常用的网页篡改方法

1. SQL 注入后获取 Webshell

攻击者利用 Web 应用程序的漏洞,提交非法的 SQL 查询语句到数据库,利用 Web
服务器或第三方软件的漏洞获取网站服务器控制权限。主要步骤为以下三步:第一步,
发现 SQL 注入点;第二步,根据系统反馈的信息进一步进行注入,获取账号、密码等敏感
信息;第三步,上传 Webshell,获得一个反向连接。

2. 在 Web 页面中插入 HTML 代码

攻击者在 Web 页面中插入恶意 HTML 代码。当用户浏览该页面时,被嵌入的恶意
HTML 代码就会被执行,改变访问者的页面内容,从而达到恶意攻击用户的目的。

3. 控制 Web 服务器

Web 服务器中存储着各种页面文件、数据文件和应用程序等供用户浏览和下载。攻
击者可通过搜集服务器敏感信息了解到服务器版本漏洞,从而获取服务器权限、数据库管
理权限,进而控制 Web 服务器。

4. 控制 DNS 服务器

DNS(域名系统)将域名转换为 IP 地址,这样用户就不再需要记忆复杂而又毫无规律

的 IP 地址,只需输入简单的域名即可访问网站。攻击者对网站的域名服务器进行攻击并获取域名的解析权限,然后改变域名对应的 IP 地址以达到篡改网页的目的。

5. ARP 攻击

ARP(Address Resolution Protocol,地址解析协议)是一个位于 TCP/IP 协议栈低层的协议,负责将 IP 地址解析成对应的 MAC 地址。通过 ARP 欺骗进行网页劫持的攻击会使 Web 服务器访问速度变慢,攻击者针对 Web 服务器所在的网段进行攻击,当其掌握了同网段的某台主机后,向 Web 服务器所在的主机发送 ARP 欺骗包,以截取并篡改请求访问网页的数据包,添加包含木马程序的网页链接,引诱访问者或者 Web 服务器指向此网页链接以达到篡改网页的目的。

根据劫持网页的位置不同,可将 ARP 攻击分为两种:一种是劫持并篡改局域网内客户端访问获得的网页;另一种是劫持并篡改局域网内 Web 服务器对外提供的网页。

第一种 ARP 欺骗的原理是截获网关数据。它通知路由器一系列错误的内网 MAC地址,并按照一定的频率不断重复,使正确的地址信息无法通过更新方式保存在路由器中,因此路由器的所有数据只能发送给错误的 MAC 地址,而正常主机无法收到信息。客户端网页劫持流程如图 5-3 所示。

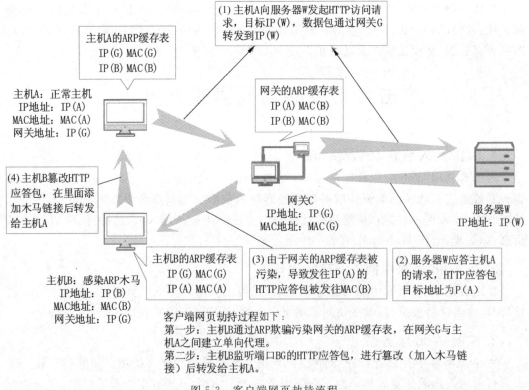

图 5-3　客户端网页劫持流程

第二种 ARP 欺骗的原理是伪造网关。它建立一个假网关,则被它欺骗的主机只会向假网关发数据,而不是通过正常的路由器途径上网,导致主机无法联网。ARP 欺骗木马只需成功感染一台主机,就可导致整个局域网都无法上网,严重的甚至可能带来整个网络的瘫痪。服务器端网页劫持流程如图 5-4 所示。

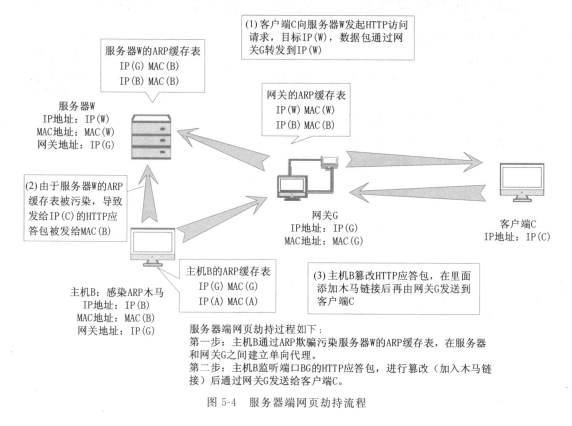

图 5-4　服务器端网页劫持流程

5.3　网页篡改防范技术

网页防篡改是一种防止攻击者修改 Web 页面的技术,可以有效地阻止攻击者对网站 Web 页面进行恶意篡改。

为更好地介绍网页防篡改技术,以美术馆大楼为例来说明。Web 服务器就是美术馆大楼,Web 服务器中的文件目录就是美术馆大楼的展厅,每个网页文件就是展厅中挂着的作品。这些作品每天由工作人员不断管理维护,同时每天也有成千上万的游览者来观赏这些作品。网页防篡改系统就是保证游览者看到的作品是真实的原作,而不是被非法者更换后的赝品。

一个有效的网页防篡改系统必须达到以下两个要求:

(1) 实现对网页文件的完整性检查和保护,并达到 100％的防护效果,即被篡改网页不可能被用户访问到。

(2) 实现对已知的来自 Web 的数据库攻击手段的防范。

下面介绍几种常见的网页防篡改技术。

5.3.1　时间轮询技术

时间轮询技术是用网页检测程序以轮询扫描的方式监控网页,并将监控的网页与正确网页相比较,以判断网页内容的真实性和完整性,若网页被篡改,则立即进行报警和恢复。采用时间轮询技术的网页防篡改系统部署实现简单,但由于相邻两次网页轮询扫描之间存在着一定的时间间隔,攻击者可以在这个时间间隔中发动攻击,导致用户访问到被篡改的网页。另外,时间轮询需要从外部不断扫描 Web 服务器文件,这会增加 Web 服务器的负载,且由于扫描频度(以及安全性)和负载总是矛盾的,Web 服务器的安全性也会降低。图 5-5 为时间轮询监测流程。

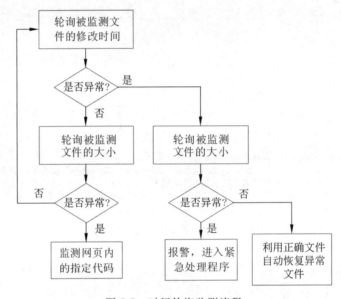

图 5-5　时间轮询监测流程

时间轮询就像是美术馆大楼配备一个保安对所有的作品进行巡检,他以一个普通观光者的身份在大楼中检查每个展厅的每个作品,与手里保存的作品的复制品进行比较,发现有可疑之处即进行报警。

这种方式最大的缺点是:当大楼规模很大,展厅和作品很多时,保安的工作量会非常大。并且对于某一作品,由于两次检查的时间间隔会很长,从保安本次巡检结束到下一次巡检到这个作品时有很长一段时间间隔,攻击者可以在这段时间内更换作品以达到攻击目的。

在网站的规模较小,网站中包含的页面较少的情况下,可以使用时间轮询技术防止网页被篡改。但当网站规模变大,网页特别多的时候,使用时间轮询技术所需的轮询检测时间较长,且占用系统资源较大,因此该技术逐渐被淘汰。

5.3.2　核心内嵌技术

核心内嵌技术又称密码水印技术。它将篡改检测模块内嵌在 Web 服务器里,先将网页内容采取非对称加密方式存放(非对称加密算法需要两个密钥——公钥和私钥来进行加密和解密,更加安全)。当用户请求访问网页时,将已经过加密验证的网页内容进行解密,对外发布;若未经过验证,则拒绝对外发布。此技术通常结合事件触发机制对文件的部分属性进行对比,如文件大小、页面生成时间等。

核心内嵌可以看作是保安在任何一位游览者观赏任何一个作品之前都要对该作品进行一次检查,若发现该作品可疑,即阻止游览者观赏。

这种方式的显著优点是:每个作品在每次被观赏前都会进行检查,因此可疑作品完全没有被游览者看到的可能。其缺点是:由于存在检查手续,降低了美术馆接待游览者的能力。

核心内嵌以无进程、篡改网页无法流出、使用密码学算法作支撑而著称,在服务器正式提交网页内容给用户之前对网页进行完整性检查,对于已被篡改的网页进行实时访问阻断,并予以报警和恢复。其原理是:对每一个流出的网页进行水印(也就是散列值)检查,如果发现当前水印和之前记录的水印不同,则可断定该文件被篡改,即阻止其继续流出,并运行恢复程序进行恢复。这样即使攻击者通过各种未知的手段篡改了网页文件,被篡改的网页文件也无法流出服务器,被公众访问到。图 5-6 是核心内嵌结构。

图 5-6　核心内嵌结构

核心内嵌技术避开了时间轮询技术的缺点(有轮询间隔),其安全性相对于时间轮询技术也大为提高。其缺点是需要对每个流出网页都进行完整性检查,加密计算会占用大量服务器资源,给服务器造成较大负载,使系统反应较慢。随着技术的发展以及网络应用程序的增多,服务器的负载和资源利用要求十分苛刻,任何大量占用服务器资源的部分都会被慢慢淘汰,以确保网站的访问效率。

5.3.3　事件触发技术

事件触发技术是目前主流的网页防篡改技术之一,也是服务器负载最小的一种检测技术,经常和前面两种技术结合起来使用。该技术以稳定、可靠、占用资源少著称。其原理是:通过监控网站目录,利用操作系统的文件系统接口,在网页文件被修改时进行合法性检查,根据规则判定是否是非法篡改,如果是非法篡改,立即进行报警和恢复。

事件触发技术就像美术馆大楼在正门进口处配备一个保安,保安对每一个作品进行检查,发现有可疑之处即进行报警。

由于美术馆大楼的结构十分复杂,攻击者通常不会选择从正门进来,而会从天花板、下水道甚至利用大楼结构的薄弱处自己挖洞进入,新的进入点会不断被发现,可见防守正门进口的策略是不能做到万无一失的,并且一旦非法作品混进了大楼,就再也不会对其进行检查,因而它也就再也不会被发现。这种方式的显著优点是:防范成本低,可以从根本上对非法篡改进行阻止。其缺点是:如果攻击者完全控制主机,那么这种技术就没有用武之地。

可以看出,该技术是典型的"后发制人",即非法篡改已经发生后才可进行报警和恢复,其安全隐患有 3 个方面:

(1) 如果攻击者采取连续篡改的攻击方式,则网页很可能一直无法恢复,用户看到的一直是被篡改的网页。因为只有篡改发生后,防篡改程序才尝试进行恢复,有一个系统延迟的时间间隔,而连续篡改攻击是对一个文件进行每秒上千次篡改,这样文件恢复的速度永远也赶不上连续篡改的速度。

(2) 如果文件被非法篡改后立即被恶意劫持,即攻击者通过浏览器劫持手段控制用户计算机的浏览器,则防篡改进程将无法对该文件进行恢复。

(3) 事件触发技术的防篡改功能依赖于目录监控程序,如果监控程序被强行终止,则防篡改功能立刻消失,网站目录又面临被篡改的危险。

5.3.4　3 种网页防篡改技术的对比

上述 3 种网页防篡改技术的对比如表 5-1 所示。

表 5-1　3 种网页防篡改技术的对比

对 比 项 目	时间轮询技术	核心内嵌技术	事件触发技术
访问被篡改网页	可能	不可能	可能
保护动态内容	不能	能	不能
服务器负载	中	低	低
带宽占用	中	无	无
检测时间	分钟级	实时	秒级
绕过检测机制	不可能	不可能	可能
防范连续篡改攻击	不能	能	不能
保护所有网页	不能	能	能
保护动态网页脚本	不支持	支持	支持
适用操作系统	所有	所有	受限
上传时检测	不能	能	受限
断线时保护	不能	能	不能

下面对部分对比情况进行说明。

1. 访问被篡改网页

时间轮询技术无法阻止用户访问到被篡改网页,只能在被篡改后一段时间发现和恢复。

核心内嵌技术能够完全阻止用户访问到被篡改网页,真正做到万无一失。

事件触发技术对网页流出没有任何检查,在一些情形下,用户有可能访问到被篡改网页。

2. 保护动态内容

时间轮询技术监测到的动态网页是网页脚本和内容混合后的结果,而网页内容是根据访问情况实时变化的,时间轮询技术又无法区分网页脚本和内容,因此无法实现对动态网页的防篡改保护。

核心内嵌技术内嵌于 Web 服务器软件内部,能够完全截获用户请求数据,通过阻挡对数据库的注入式攻击来保护动态网页内容的安全。

事件触发技术仅工作在操作系统层面上,未和 Web 服务器软件发生关联,因此无法获得用户的 Web 请求数据,对动态内容的篡改无能为力。

3. 服务器负载

时间轮询技术由于从外部不断地、独立地扫描 Web 服务器文件,因此会使 Web 服务器产生相当的负载。

核心内嵌技术的篡改检测模块内嵌于 Web 服务器软件里,Web 服务器软件读出网页文件后,由篡改检测模块进行水印比对,因此需占用一定的 CPU 计算时间。但这个计算是在内存中进行的,与 Web 服务器软件从硬盘中读取网页文件的操作相比,额外产生的负载是非常小的。

事件触发技术由于只在正常网页发布时进行安全检查,因此对网页访问几乎没有影响,额外产生的服务器负载也非常小。

4. 带宽占用

时间轮询技术从外部独立检测网页,需要占用网络带宽。

核心内嵌技术和事件触发技术都在服务器上进行检测,不占用网络带宽。

5. 绕过检测机制

时间轮询由外部主机进行,攻击者不可能绕过检测机制。

核心内嵌技术由于将检测模块整合在 Web 服务器软件里,对每一个网页都进行篡改检查,不可能有网页绕过检测机制。

事件触发技术并不能确保捕获对文件的所有方式的修改,例如直接写磁盘、直接写内核驱动程序、利用操作系统漏洞等,因而很容易被攻击者绕过,而且一旦成功,系统无法发现和恢复。

6. 防范连续篡改攻击

采用时间轮询技术时,由于连续篡改过程可以只针对一个重要网页(例如网站首页)利用程序自动、连续进行,因此,即使扫描时间间隔设置得再小(例如 1min),也无法阻止篡改后的网页被用户访问到。

事件触发技术对 Web 服务器软件没有控制能力,发现篡改后无法协调 Web 服务器工作,对于大规模或精心策划的攻击是无能为力的。

核心内嵌技术在每次输出网页时都进行完整性检查,如有变化则阻断发送,因此无论连续攻击多么迅速和频繁,都无法使用户看到被篡改的网页。

7. 保护动态网页脚本

动态网页由网页脚本和内容组成,网页脚本以文件形式存在于 Web 服务器上,网页内容则取自于数据库。

时间轮询技术监测到的动态网页是网页脚本和内容混合后的结果,而网页内容是根据访问情况时时在变化的,时间轮询技术又无法区分网页脚本和内容,因此无法实现对动态网页脚本的防篡改保护。

核心内嵌技术和事件触发技术可以直接从 Web 服务器上得到动态网页脚本,不受变化的内容影响,因而能够像保护静态网页一样保护动态网页脚本。

(8) 断线时保护

采用时间轮询技术和事件触发技术时,如果攻击者中断了 Web 服务器和备份网页服务器的连接,被篡改的网页就无法即时恢复,而与此同时,大量用户有可能访问到这个网页,将造成严重后果。

采用核心内嵌技术时,即使攻击者中断了 Web 服务器和备份网页服务器的连接,被篡改网页也不会流出。

5.3.5 网页防篡改系统

网页防篡改系统对网页文件提供实时动态保护,对未经授权的非法访问行为一律进行拦截,防止非法人员篡改、删除受保护的文件,确保网页文件的完整性。网站服务器管理人员和网站维护人员通过设置保护策略,指定网站目录的保护属性,使受到保护的目录、文件没有经过授权不能更改和删除,对未授权的增加、修改(包括文件属性修改、重命名、移动)和删除行为进行报警。图 5-7 是网页防篡改系统结构示意图。

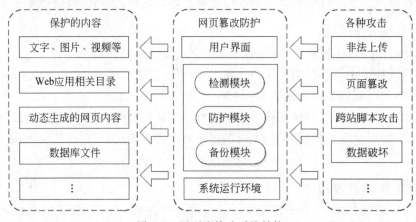

图 5-7　网页防篡改系统结构

网页防篡改措施通常包括以下几方面：

（1）给正常文件颁发通行证。将正常的程序文件数量、名称记录下来并保存，将每一个正常文件的 MD5 散列值做成数字签名存入数据库；当遇到攻击者修改主页、挂马、提交 Webshell 的时候，由于这些文件是被修改过或新提交的，没有在数据库中存储，则将文件删除或恢复即可达到防护目的。

（2）检测和防护 SQL 注入攻击。通过过滤 SQL 危险字符，将其进行无害化编码或者转码，从源头制止 SQL 注入攻击；对提交到 Web 服务器的数据报进行过滤，检测是否含有 eval、wscript、shell、iframe 等。

（3）检测和防护 DNS 攻击。不断在本地用 nslookup（可以查到 DNS 记录的生存时间，还可以指定使用哪个 DNS 服务器进行解释）解析域名，以监视域名的指向是否合法。

（4）检测和防护 ARP 攻击。绑定 MAC 地址，检测 ARP 攻击并过滤危险的 ARP 数据报。

（5）过滤对 Web 服务器的请求。设置访问控制列表，设置 IP 黑名单和白名单，过滤非法访问后台的 IP；对 Web 服务器文件的请求进行文件预解析，对比预解析后的文件与原文件的差异，若存在差异，取源文件返回请求方。

思　考　题

1. 网页篡改的原理是什么？
2. 攻击者常用的网页篡改方式有哪些？
3. 网页篡改防范技术有哪些？每种防范技术的优缺点有哪些？
4. 从保护动态内容、服务器负载、检测时间 3 方面对网页防篡改技术进行对比。
5. 网页防篡改措施通常包括哪些？

第 6 章

分布式拒绝服务攻击防护

分布式拒绝服务(Distributed Denial of Service,DDoS)攻击是一种遍布全球的漏洞攻击方式,采用分布、协作的大规模攻击方式,利用目标系统网络服务功能缺陷或者直接消耗其系统资源,阻止目标为合法用户提供服务,对服务器安全造成相当大的威胁。本章将介绍 DDoS 攻击的原理,详细介绍 DDoS 各种攻击方法和防护手段。

6.1 DDoS 攻击原理

在信息安全的三要素——保密性、完整性和可用性中,DDoS 攻击针对的正是可用性安全要素。DDoS 攻击最早出现在 1999 年,并在接下来的几年内迅速蔓延,目前 DDoS攻击已经成为使用广泛且威胁最大的网络安全问题之一,至今还没有一个对其完美的解决方法。

分布式拒绝服务攻击是指攻击者利用分布式的客户端,向服务提供者发起大量请求,消耗或者长时间占用大量资源,从而使合法用户无法正常获得服务。DDoS 攻击不仅可以实现对某一个具体目标(如 Web 服务器或 DNS 服务器)的攻击,而且可以实现对网络基础设施(如路由器等)的攻击,利用巨大的流量攻击使攻击目标所在的网络基础设施过载,导致网络性能大幅度下降,影响网络所承载的服务。DDoS 攻击就像一家超市雇用了一大群人堵在竞争对手的大门口,或者让这群人占满整个超市,在每个货架前不停选取大量的商品,却不付款离开,使得这家超市的正常顾客无法顺利购买商品,超市也无法正常为顾客提供选购商品及结账服务。

绝大多数 DDoS 攻击都是从僵尸网络中产生的。僵尸程序(Bot)是组成僵尸网络的基础,是用于构建大规模攻击平台的恶意代码,它通常可以自动执行预定义的功能。僵尸网络一般指僵尸主人(Botmaster)出于恶意目的传播大量僵尸程序,并采用一对多方式进行控制的大型网络。按照使用的通信协议,僵尸网络可进一步分为 IRC 型僵尸网络、HTTP 型僵尸网络、P2P 型僵尸网络和其他僵尸网络四类。

IRC 型僵尸网络是出现最早、数量最大的僵尸网络。它最大的特点是利用 IRC 协议构造命令与控制信道,交互性好,容易创建,采用一个服务器能轻易创建和控制多台僵尸主机。不过这种控制方式存在单点失效问题,即一旦中央服务器被关闭,僵尸程序会因失去与 C&C(Command and Control,命令与控制)服务器的通信而灭亡。

HTTP 型僵尸网络规模往往不大,但攻击活动异常频繁。相比于 IRC 型僵尸网络,HTTP 型僵尸网络在端口选择以及信道的加密解密方面有更大的灵活性。虽然大多数的 HTTP 型僵尸网络的通信端口默认选择 80,但由于 C&C 服务器多由控制者搭建,端口设定可以由控制者改变。使用 HTTP 构建的信道可以更容易让僵尸网络的控制流量淹没在大量的 Web 通信中,从而使得基于 HTTP 的僵尸网络活动更难以被检测出来。

P2P 网络又称对等网络,在此网络中,网络节点既可以作为客户端向 P2P 网络中的其他节点请求服务,也可以作为服务器为提出请求的网络节点服务。相比于前两种僵尸网络,P2P 型僵尸网络中充当服务器的节点不再单一,攻击者可以通过网络中任一节点控制整个僵尸网络。

攻击者为了隐藏自己,防止被跟踪和定位,以及加大攻击力度,往往采用 3 层结构:攻击者、中间层和目标主机。中间层包含主控端和代理端,是一个庞大的僵尸网络。攻击者向各个主控端发布命令之后,就可以断开与僵尸网络的连接,之后主控端把攻击命令发送到各个代理端,由各个代理端执行攻击命令,向目标主机发出大量的服务请求,耗尽其网络带宽、系统或者应用资源,造成其拒绝服务。图 6-1 是常见的 DDoS 攻击模式。

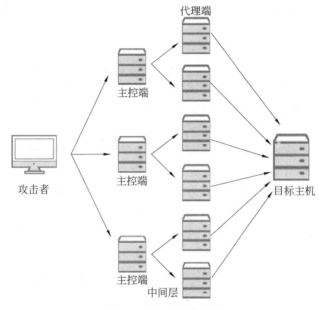

图 6-1　DDoS 攻击模式

DDoS 的攻击过程一般分为 4 步:

(1) 入侵传播。攻击者通过漏洞或木马技术入侵主控端,获得主机的登录权限。在成功入侵后,通过网络监听、漏洞扫描等方法进一步扩充入侵的主机群。

(2) 安装执行。在入侵的主机上安装攻击软件。攻击软件一旦在受害主机上执行,就会进行一系列自我复制、实现自启动以及隐藏等行为。攻击软件包括主控程序和代理程序,为了避免检测,多数程序都进行了免杀处理。主控程序仅占总数的很小一部分,设置主控程序的目的是隔离网络联系,保护攻击者,使其不会在攻击过程中受到监控系统的跟踪,同时也能更好地协调进攻;参与攻击的其余主机都被用来运行代理程序,代理程序都是一些相对简单的程序,它们可以连续向目标主机发出大量的请求而不作任何回答。

（3）命令发布。攻击者向各个主控程序发出对特定目标的攻击指令，主控程序再将指令发送到各个代理程序。由于攻击主控制台的位置非常灵活，而且发送指令的时间很短，所以非常隐蔽，难以定位。一旦攻击指令发送到主控程序，攻击主控制台就可以关闭或脱离网络以逃避追踪。

（4）命令执行。当主控程序接到攻击指令后，每个代理程序开始向目标主机发出大量的服务请求数据报。这些数据报经过伪装，无法识别它的来源。而且，这些数据报所请求的服务往往要消耗较大的系统资源，如 CPU 或网络带宽。若数百个甚至上千个代理端同时攻击一个目标主机，就会导致目标主机网络或系统资源耗尽。另外，这些数据报还可阻塞防火墙和路由器等网络设备，进一步加剧网络拥塞。更严重的是，由于攻击者所用的协议都是一些常见协议，导致系统管理员难以区分恶意请求和正常请求，从而无法有效分离出攻击数据包。

在 DDoS 攻击中，当网站或服务器被攻击者攻击后，即使每个攻击的数据包都有显示数据包来源的 IP 地址，仍然难以跟踪到攻击的来源，这是因为攻击者使用了伪 IP（IP spoofing）技术。

当计算机之间相互通信时会将信息打成包，每一个包中都包含源 IP 地址和目的 IP 地址，当这样的数据包在 Internet 中传递的时候，首先会遇到最近的一个路由器，通常此路由器是此局域网与 Internet 的连接处，这种路由器叫作边界路由器。当数据包到达边界路由器后，再由此路由器传递到上一级核心路由器上，这个路由器可能位于主干网上，连接着所有其他的核心路由器。数据包在路由器之间传递，直到目的地为止。在每次传递时，源 IP 地址通常被路由器忽略，仅仅是保留在数据包中不做处理，路由器只关心数据的目的地址，就好像邮递员只关心收件人地址一样。大部分的 DDoS 攻击都使用伪 IP，收到此数据包的第一个边界路由器如果进行检查，能够很容易地发现这个问题，因为它知道和它连接的网络地址，以便将进来的数据包分发给局域网内的主机，因此它也能发现从它这里发送出去的数据包是不是用了非局域网内的地址，但大多数的边界路由器并不进行检查，而一旦使用伪 IP 的数据包通过了第一个路由器，那么这个伪 IP 将难以在后续传输过程中被发现，因此才产生了现在面临的难以追踪攻击来源的问题。

6.2 DDoS 攻击现象与特点

1. 攻击现象

2016 年 10 月，大半个美国的用户都遭遇了一次集体"断网"事件，根据用户反馈，包括 Twitter、Spotify、Netflix、Github、Airbnb、Visa、CNN、华尔街日报等在内的上百家网站都无法访问。此次"断网"事件是由于美国最主要的 DNS 服务商 Dyn 遭遇了大规模 DDoS 攻击所致，攻击行为来自超过 1000 万个 IP 来源。由于 Dyn 的主要职责就是将域名解析为 IP 地址，从而准确跳转到用户想要访问的网站，所以当其遭受攻击时，来自用户的网页访问请求无法被正确解析，从而导致访问错误。

此次 Dyn 遭受的攻击是由被控制的海量物联网终端设备发起的 DDoS 攻击。通常僵尸网络由大量功能节点组成,节点有普通 PC、服务器和移动设备 3 种。与普通 PC 相比,物联网设备的安全防范能力较差,而且随着各种设备的计算能力、网络带宽和数量的不断增长,物联网设备的性能对于用来发动攻击的僵尸程序来说绰绰有余,因此以物联网终端设备作为节点的僵尸网络正逐渐成为新的安全威胁。

DDoS 攻击的现象有以下 5 种:

(1) 被攻击主机上有大量等待的 TCP 连接。

(2) 网络中充斥着大量的无用数据包。

(3) 源地址为假,制造高流量无用数据,造成网络拥塞,使目标主机无法正常和外界通信。

(4) 利用目标主机提供的传输协议上的缺陷,反复高速地发出特定的服务请求,使目标主机无法处理所有正常请求。

(5) 利用目标主机提供的服务在数据处理方式上的缺陷,反复发送畸形数据,引发服务程序错误,大量占用系统资源,使目标主机处于假死状态甚至死机。

2. 攻击特点

与其他攻击形式相比,DDoS 攻击主要表现出以下特点:

(1) 分布式。在 DDoS 攻击中,攻击者不再是单独一人,而是通过操控一个精心组织的僵尸网络来发起协同攻击,改变了传统的点对点的攻击模式,使攻击方式出现了没有规律的情况。分布式的特点不仅增强了攻击的威力,而且加大了抵御攻击的难度,这在以往的攻击方法中是比较少见的。

(2) 使用欺骗技术,难以追踪。攻击者在进行攻击的时候,攻击数据包都是经过伪装的,源 IP 地址也是伪造的,以此达到隐蔽攻击源头的目的,这样就很难对攻击进行 IP 地址的确定,在查找攻击来源方面也是很难的,因此仅靠传统的防御措施很难追踪这种攻击。

(3) 发起攻击容易。由于现成的 DDoS 攻击工具在网络上泛滥成灾,且易用性不断地提高,因此攻击者不需要太深的专业知识就可以从网络上下载工具发起攻击,这一点从现在的攻击者越来越低龄化即可见一斑。

(4) 攻击特征不明显。现在越来越多的 DDoS 攻击采用合法的攻击请求,这些报文没有明显的特征,通常使用的也是常见的协议和服务,只从协议和服务的类型上是很难对攻击进行区分的,因此很难被防御系统识别。而且,DDoS 攻击的分布式特性也决定了攻击流在攻击源头可以做到很小,可以隐藏在正常报文流中,不易及时发现。

(5) 威力强大,破坏严重,难以防御。DDoS 攻击由于通过组织大规模的僵尸网络发起攻击,所以经过汇聚后到达受害者的攻击流可能非常庞大,造成目标主机的网络或系统资源耗尽,甚至还可阻塞防火墙和路由器等网络设备,进一步加剧网络拥塞。攻击者在进行攻击的时候可以使用随机的端口,通过数千个端口对攻击的目标发送大量的数据包;也可以使用固定的端口,向同一个端口发送大量的数据包。

<table>
<tr><td>6.3</td><td></td></tr>
</table>

6.3 DDoS 攻击方式

从不同角度,DDoS 攻击的方法有不同的分类标准。根据攻击消耗的目标资源可以将 DDoS 攻击分为 3 类:攻击网络带宽资源、攻击系统资源和攻击应用资源。

6.3.1 攻击网络带宽资源

互联网是由大量的网络设备将大量终端连接起来所组成的一个庞大的网络,如果想获取某台服务器上的服务资源,则需要将请求数据通过特定链路传输到这台服务器上。

以超市为例,如果客人想买东西,就需要知道超市的位置,并且进入超市。但是,如果超市人太多或者超市门口发生了拥堵或交通管制,客人就无法进入超市,也就无法得到服务,即购买商品。与之类似,无论是服务器的网络接口带宽还是路由器、交换机等互联网基础设施,其数据包处理能力都存在上限,当到达或通过的网络数据包数量超过此上限时,就会出现网络拥堵、响应缓慢的情况。消耗网络带宽资源的 DDoS 攻击就是根据这个原理,利用僵尸网络发送大量的网络数据包,占满目标主机的全部带宽,从而使正常的请求无法得到及时、有效的响应,造成服务器拒绝服务。

1. 直接攻击

攻击者使用大规模的僵尸网络直接向目标主机发送大量的网络数据包,以占满目标主机的带宽,并消耗服务器和网络设备的数据处理能力,如图 6-2 所示。

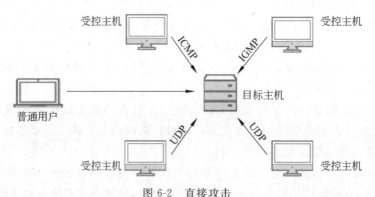

图 6-2　直接攻击

直接攻击的主要方法有 ICMP/IGMP 洪水攻击和 UDP 洪水攻击两种。

1) ICMP/IGMP 洪水攻击

因特网控制消息协议(Internet Control Message Protocol,ICMP)是 TCP/IP 协议族的核心协议之一,它用于在 IP 主机、路由器之间传递控制消息,提供可能发生在通信环境中的各种问题的反馈,例如网络通不通、主机是否可达、路由是否可用等。管理者可以通过这些控制消息对发生的问题作出判断,然后采取适当的措施。

因特网组管理协议(Internet Group Management Protocol,IGMP)是用于管理因特网协议多播组成员的一种通信协议。IP 主机和相邻的路由器利用 IGMP 来建立多播组的组成员。

攻击者使用僵尸网络向目标主机发送大量的 ICMP/IGMP 报文,进行洪水攻击以消耗目标的带宽资源。不过现在这种攻击已经很少见,因为目标主机可以直接在网络边界过滤并丢弃 ICMP/IGMP 数据包,使攻击无效化。

2) UDP 洪水攻击

用户数据报协议(User Datagram Protocol,UDP)是一种面向无连接的传输层协议,主要用于不要求分组按顺序到达的传输,提供面向事务的简单、不可靠信息传送服务。UDP 洪水攻击和 ICMP 洪水攻击的原理基本相同,很多工具都能够发动 UDP 洪水攻击,如 hping、LOIC 等。但 UDP 洪水攻击完全依靠僵尸网络本身的网络性能,因此对攻击目标带宽资源的消耗并不太大。

通常攻击者使用小包和大包两种方式进行攻击。

小包是指 64B 大小的数据包,这是以太网上传输数据帧的最小值。在相同流量下,单包越小,数据包的数量就越多。由于交换机、路由器等网络设备需要对每一个数据包进行检查和校验,因此使用 UDP 小包攻击能够有效地增大网络设备处理数据包的压力,造成处理速度的缓慢和传输延迟等拒绝服务攻击的效果。

大包是指 1500B 以上的数据包,其大小超过了以太网的最大传输单元(Maximum Transmission Unit,MTU)。使用 UDP 大包攻击,能够有效地占用网络接口的传输带宽,并迫使目标主机在接收到 UDP 数据包时进行分片重组,造成网络拥堵,服务器响应速度变慢。

2. 反射攻击和放大攻击

直接攻击的方法虽然简单,但是低效,容易被查到攻击来源。反射攻击又称为分布式反射拒绝服务(Distributed Reflection Denial of Service,DRDoS),是指发送大量带有目标主机 IP 地址的数据包给攻击主机,然后攻击主机对 IP 地址源做出大量回应,从而反射攻击流量并隐藏攻击来源的一种技术。

在进行反射攻击时,攻击者使用僵尸网络发送大量的数据包,这些数据包的目的 IP 地址指向作为反射器的服务器和路由器等设备,而源 IP 地址则被伪造成目标主机的 IP 地址。反射器在收到这些数据包后,会认为该数据包是由目标主机发来的请求,因此会将响应数据发送给目标主机,当大量的响应数据涌向目标主机时,就会耗尽目标主机的网络带宽资源,造成拒绝服务攻击的效果。

发动反射攻击重要的一步是在互联网上找到大量的反射器。例如,对于 ACK 反射攻击,只需要找到互联网上开放 TCP 端口的服务器即可,而这种服务器在互联网上的存在是非常广泛的。发动反射攻击通常会使用无须认证或握手的协议。因为反射攻击需要将请求数据的源 IP 地址伪造成目标主机的 IP 地址,如果使用的协议需要进行认证或者握手,则该认证或握手过程没有办法完成,也就不能进行下一步的攻击。因此,绝大多数的反射攻击都是使用基于 UDP 协议的网络服务进行的。相比于直接攻击,反射攻击由于增加了一个反射步骤,因此更难追溯攻击来源。

反射攻击更加严重的影响在于利用反射原理进行的放大攻击。

放大攻击是一种特殊的反射攻击,其特殊之处在于反射器对于网络流量具有放大作用,因此也可以将这种反射器称为放大器。进行放大攻击的方式与反射攻击基本一致,不同之处在于反射器所提供的网络服务需要满足一定条件:在反射器提供的网络服务协议中,需要存在请求和响应数据量不对称的情况,响应数据量需要大于请求数据量。响应数据量与请求数据量的比值越大,放大器的放大倍数也就越大,进行放大攻击所产生的消耗带宽资源的效果也就越明显。

1) ACK 反射攻击

传输控制协议(Transmission Control Protocol,TCP)建立连接时,首先会进行 TCP 三次握手。在这个过程中,当服务器端接收到客户端发来的 SYN 连接请求时,会对该请求进行 ACK 应答。如果攻击者将 SYN 请求的源 IP 地址伪造成目标主机的 IP 地址,服务器的应答也就会直接发送给目标主机。由于使用 TCP 的服务在互联网上广泛存在,攻击者可以通过僵尸网络向大量不同的服务器发送伪造源 IP 地址的 SYN 请求,从而使服务器响应的大量响应数据涌向目标主机,占用目标主机的网络带宽资源并造成拒绝服务攻击的效果。图 6-3 为 ACK 反射攻击流程。

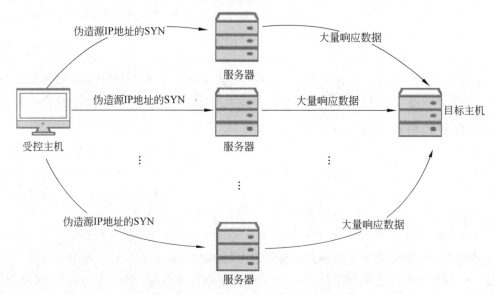

图 6-3　ACK 反射攻击流程

2) DNS 放大攻击

域名系统(Domain Name System,DNS)是因特网的一项核心服务,它是一个将域名和 IP 地址相呼应的一个分布式数据库,让人们不需要记住那些难以记忆的 IP 地址,就可以轻松访问互联网。通常攻击者发送的 DNS 查询请求数据包大小一般在 60B 左右,而查询返回结果的数据包大小通常在 3000B 以上,即 DNS 响应数据包会比查询数据包大,因此可以利用此特性进行 DNS 放大攻击。

图 6-4 为 DNS 放大攻击流程。攻击者向广泛存在的开放 DNS 解析器发送 dig(域信息查询)命令,将 OPT RR 字段中的 UDP 报文大小设为很大的值(如 4096),并将查询请求的源 IP 地址伪造成目标主机的 IP 地址。DNS 解析器收到查询请求后,会将解析的结果发送给目标主机,造成网络拥堵。

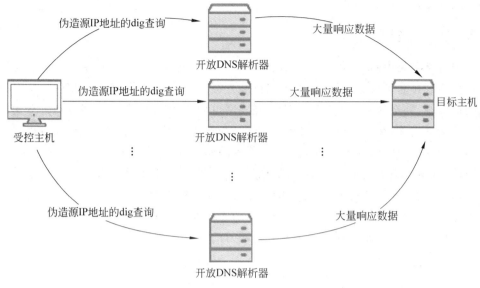

图 6-4   DNS 放大攻击流程

3）NTP 放大攻击

网络时间协议（Network Time Protocol, NTP）是用来使计算机时间同步化的一种协议，它可以使计算机与时钟源同步并提供高精准度的时间校正，NTP 使用 UDP 123 端口进行通信。图 6-5 为 NTP 放大攻击流程。

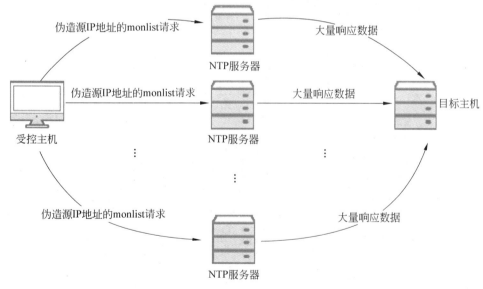

图 6-5   NTP 放大攻击流程

在 NTP 协议的服务器实现上，通常会实现一系列 Mode 7 的调试接口，而接口中的 monlist 请求能够获取与目标 NTP 服务器同步的最后 600 个客户端的 IP 地址等信息。这意味着，只需要发送一个很小的请求包，就能够触发大量连续的包含 IP 地址信息等数据的响应数据包。

6.3.2 攻击系统资源

当顾客走进超市后,他首先需要挑选商品,然后去收银台付费。如果顾客进门时发现收银台前已经排起了长龙,那么他就很有可能直接离开,或者在排队的过程中由于等待得不耐烦而离开,并选择另一家超市购物。互联网也如此,终端设备在与服务器进行通信时需要创建会话连接,在这个过程中会使用 TCP 和 SSL 等协议。在会话创建的初始阶段,服务器需要为新建立的连接分配资源;在会话过程中,服务器需要维护并更新连接的状态,并进行数据传输和交互;在会话结束之后,这些连接资源才会被释放。这些会话连接就像超市收银台,一旦被占满,新进入的会话请求就必须等待前面的会话完成。消耗系统资源的分布式拒绝服务攻击的主要目的就是对系统维护的连接资源进行消耗和占用,阻止正常连接的建立,从而达到拒绝服务攻击的目的。

1. 攻击 TCP 连接

TCP 是一种面向连接的、可靠的、基于字节流的传输层通信协议。TCP 连接包括 3 个阶段:连接创建、数据传送和连接中止。由于 TCP 设计时间久远,没有对协议的安全性进行比较周密的考虑,攻击者常利用 TCP 的安全漏洞进行攻击。

1)TCP 连接洪水攻击

这种攻击方法是在连接创建阶段对 TCP 资源进行攻击。在三次握手进行的过程中,服务器会创建并保存 TCP 连接的信息,这个信息通常被保存在连接表中。但是,连接表的大小是有限的,一旦服务器接收到的连接数量超过了连接表能存储的数量,服务器就无法创建新的 TCP 连接了,如图 6-6 所示。

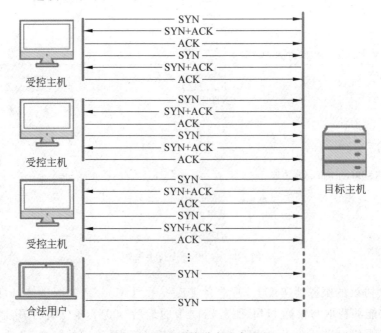

图 6-6　TCP 连接洪水攻击流程

攻击者可以利用大量受控主机,通过快速建立大量恶意的 TCP 连接占满被攻击目标的连接表,使目标主机无法接受新的 TCP 连接请求,从而达到拒绝服务攻击的目的。

2) SYN 洪水攻击

这种攻击方法是 DDoS 攻击中最经典、有效的一种,直到现在 SYN 洪水攻击仍然是 DDoS 攻击的主要方法。其主要原理是基于虚假 IP 地址进行欺骗请求,蓄意入侵三次握手并打开大量半开 TCP/IP 连接。服务器的内存中有一个内建的数据结构,描述了所有挂起的连接,但它的容量有限制,如果被填满,系统就不能再接受进来的新连接,直到数据表被清空。一般挂起的连接都有时间限制,时间一到,半开连接就会过期,同时服务器系统恢复正常。但是,攻击者能以比目标主机挂起的连接失效更快的速度发送伪造的 IP 数据包,请求新的连接,攻击者可利用此特性发动攻击。

攻击者向目标主机发送看起来合法的 SYN 消息,而实际上源 IP 地址是不存在的。这样,当目标主机向源 IP 地址返回确认信息(SYN＋ACK)后,将无法得到返回的 ACK 消息,目标主机就会认为自己发送的数据包丢失,然后会不断地发送确认数据包直至超时,这些伪造的 SYN 包将长时间占用未连接队列,正常的 SYN 请求被丢弃,使目标系统运行缓慢,严重者还会引起网络堵塞甚至系统瘫痪。图 6-7 显示了 SYN 洪水攻击流程。

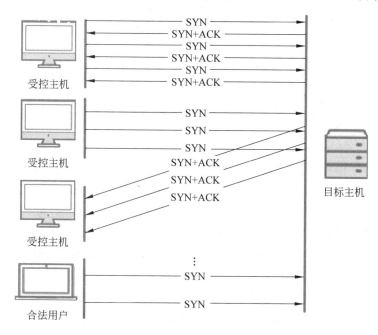

图 6-7　SYN 洪水攻击流程

少量的这种攻击就会导致主机服务器无法访问,并且在服务器上用 netstat -na 命令可观察到大量的 SYN_RECEIVED 状态;大量的这种攻击会导致 ping 失败、TCP/IP 栈失效,并会出现系统凝固现象,即不响应键盘和鼠标。不过这种攻击实施起来有一定难度,需要高带宽的僵尸主机支持。

3) RST 洪水攻击

在 TCP 连接的终止阶段,通常是通过带有 FIN 标志报文的四次交互(TCP 四次挥手)来切断客户端与服务器的 TCP 连接。但是当客户端或服务器其中之一出现异常状况,无法正常地完成 TCP 四次挥手以终止连接时,就会使用 RST 报文将连接强制中断。

RST 洪水攻击是针对用户的拒绝攻击方式。这种攻击常被用来攻击在线游戏或比赛的用户,从而影响比赛的结果并获得一定的经济利益。图 6-8 为 RST 洪水攻击流程。

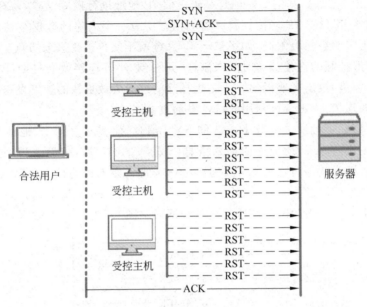

图 6-8 RST 洪水攻击流程

4)Sockstress 攻击

研究人员在 2008 年提出了 Sockstress 攻击方法。与前面几种方法不同的是,Sockstress 攻击不需要在短时间内发送大量的攻击流量,是一种慢速攻击。

在 TCP 传输数据时,并不是将数据直接递交给应用程序处理,而是先临时存储在接收缓冲区中,该接收缓冲区的大小是由 TCP 窗口表示的。如果 TCP 窗口大小为 0,则表示接收缓冲区已被填满,发送端应该停止发送数据,直到接收端的窗口发生了更新。Sockstress 攻击就是利用该原理长时间地维持 TCP 连接,以达到拒绝服务攻击的目的。

Sockstress 攻击首先完成 TCP 三次握手以建立 TCP 连接,但是在三次握手的最后一次 ACK 应答中,攻击者将其 TCP 窗口大小设置为 0,随后进行一次数据请求。目标主机在传输数据时,发现接收端的 TCP 窗口大小为 0,就会停止传输数据,并发出 TCP 窗口探测包,询问攻击者其 TCP 窗口是否有更新。由于攻击者没有更改 TCP 窗口的大小,目标主机就会一直维持 TCP 连接,等待数据发送,并不断进行窗口更新的探测。如果攻击者利用大量的僵尸网络进行 Sockstress 攻击,目标主机会一直维持大量的 TCP 连接并进行大量的窗口更新探测,其 TCP 连接表会逐渐耗尽,无法接受新的连接而导致拒绝服务。图 6-9 为 Sockstress 攻击流程。

2. 攻击 SSL 连接

安全套接层(Secure Sockets Layer,SSL)是为网络通信提供安全及数据完整性的一

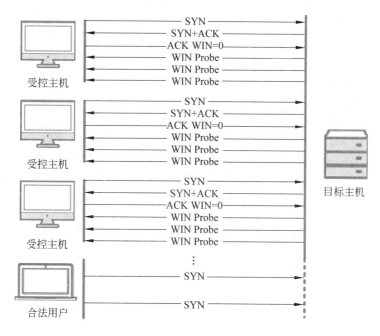

图 6-9　Sockstress 攻击流程

种安全协议。SSL 能够在传输层对网络连接进行加密，以防止传输的数据明文被监听或截获。然而在 SSL 协议加解密和密钥协商的过程中会消耗大量的系统资源，严重降低主机的性能。

在 SSL 握手的过程中，服务器会消耗较多的 CPU 计算资源进行加解密，并进行数据的有效性检验。对于客户端发过来的数据，服务器需要先花费大量的计算资源进行解密，之后才能对数据的有效性进行检验。重要的是，不论数据是否有效，服务器都必须先进行解密才能够做检查。攻击者可以利用这个特性进行 SSL 洪水攻击，如图 6-10 所示。

在进行 SSL 洪水攻击时，需要攻击者能够在客户端大量地发出攻击请求，因此客户端所进行的计算应尽可能地少。对于 SSL 洪水攻击，比较好的方式是在数据传输之前进行 SSL 握手的过程中发动攻击。攻击者并不需要完成 SSL 握手和密钥交换，而只需要在这个过程中让服务器去解密和验证，就能够大量地消耗目标服务器的计算资源，因此，攻击者可以非常容易地构造密钥交换过程中的请求数据，达到减少客户端计算量的目的。

6.3.3　攻击应用资源

网络应用程序和服务在处理数据时通常需要消耗一定的网络连接、计算和存储资源，这些资源是由应用程序向系统进行申请并自行管理和维护的。消耗应用资源的 DDoS 攻击就是通过向应用程序提交大量消耗资源的请求，从而达到拒绝服务攻击的目的。

近年来，消耗应用资源的 DDoS 攻击正逐渐成为 DoS 攻击的主要手段之一。而由于 DNS 和 Web 服务的广泛性和重要性，这两种服务成为消耗应用资源的 DDoS 攻击的最主要的攻击目标。

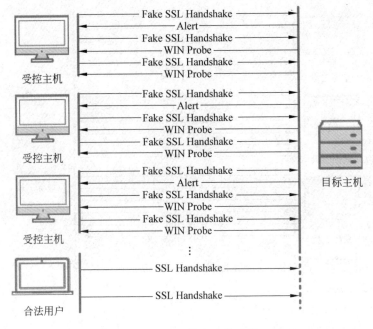

图 6-10　SSL 洪水攻击流程

1. 攻击 DNS 服务

DNS 服务是互联网的一项核心服务。通过使用 DNS,人们在访问网站时不需要记忆其 IP 地址,而只需输入其域名即可。在 IPv6 网络环境下,由于 IP 地址由原来的 32 位扩展到 128 位,变得更加难以记忆,DNS 服务也就变得更加重要。当 DNS 服务的可用性受到威胁时,互联网上的大量设备都会受到影响甚至无法正常运行。

1) DNS QUERY 洪水攻击

DNS QUERY 洪水攻击是指向 DNS 服务器发送大量查询请求以达到拒绝服务效果的一种攻击方法。在 DNS 解析的过程中,客户端每发起一次查询请求,DNS 服务器可能需要进行额外的多次查询才能完成解析的过程并给出应答,在这个过程中会消耗一定的计算和网络资源。如果攻击者利用大量受控主机不断发送不同域名的解析请求,那么 DNS 服务器的缓存会被不断刷新,由于大量解析请求不能命中缓存,DNS 服务器必须消耗额外的资源进行迭代查询,这会极大地增加 DNS 服务器的资源消耗,导致 DNS 响应缓慢甚至完全拒绝服务,如图 6-11 所示。

2) DNS NXDOMAIN 洪水攻击

DNS NXDOMAIN 洪水攻击是 DNS QUERY 洪水攻击的一个变种,两者区别在于后者是向 DNS 服务器查询一个真实存在的域名,前者是向 DNS 服务器查询一个不存在的域名。一部分 DNS 服务器在获取不到域名的解析结果时,还会再次进行递归查询,向上一级 DNS 服务器发送解析请求并等待应答,这进一步增加了 DNS 服务器的资源消耗。因此,这种攻击比 DNS QUERY 洪水攻击效果更好。图 6-12 为 DNS NXDOMAIN 攻击流程。

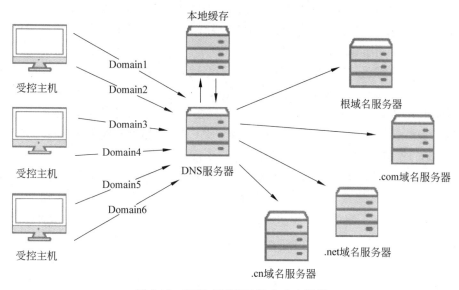

图 6-11　DNS QUERY 洪水攻击流程

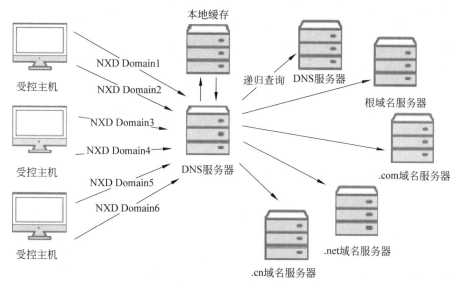

图 6-12　DNS NXDOMAIN 洪水攻击流程

2. 攻击 Web 服务

人们通过浏览器使用 Web 服务简单方便地获取需要的信息,许多机构和企业的重要信息也是通过 Web 服务的方式对外提供的,一旦 Web 服务受到拒绝服务攻击,就会对其承载的业务造成致命影响。

1) CC 攻击

CC(Challenge Collapsar,挑战黑洞)的前身名为 Fatboy 攻击,是利用不断对网站发送连接请求致使形成拒绝服务的一种攻击。在 DDoS 攻击发展前期,绝大部分攻击都能被业界知名的"黑洞"(Collapsar)抗拒绝服务攻击系统所防护,于是攻击者在研究出一种新型的针对 HTTP 的 DDoS 攻击后,即将其命名 Challenge Collapsar,意为黑洞设备无法防御,这一名称沿用至今。

CC 攻击的原理是,攻击者控制僵尸网络不停地发大量数据包给目标主机,造成服务器资源耗尽,一直到宕机崩溃。CC 攻击主要是用来攻击网页的,当一个网页访问的人数特别多的时候,用户打开网页就会变慢,而 CC 攻击就是模拟多个用户不停进行访问需要大量数据操作的网页,造成服务器资源的浪费,使 CPU 利用率长时间处于 100%,永远都有处理不完的连接,直到网络拥塞,正常的用户访问被中止。

相比于其他的 DDoS 攻击,CC 攻击见不到真实源 IP 地址和特别大的异常流量,但会造成服务器无法正常连接。CC 攻击的技术含量很低,只需利用更换 IP 代理工具和一些 IP 代理,一个基础水平的计算机用户就能够实施攻击。由于 CC 攻击有一定的隐蔽性,可以通过以下 3 个方法来确定服务器正在遭受或者曾经遭受 CC 攻击:

(1) 命令行法。

遭受 CC 攻击时,Web 服务器一般会出现 80 端口对外关闭的现象,因为这个端口已经被大量的垃圾数据堵塞,正常的连接被中止。用户可以通过在命令行输入命令 netstat-an 来查看,SYN_RECEIVED 是 TCP 连接状态标志,意思是"正在处于连接的初始同步状态",表明无法建立握手应答,处于等待状态,是 CC 攻击的一种特征。这样的记录若有很多条,则表示有来自不同的代理 IP 的攻击,可以确认服务器遭受 CC 攻击。

(2) 批处理法。

命令行法需要手工输入命令,而且如果 Web 服务器 IP 连接太多,看起来比较费劲。可以建立一个批处理文件,通过它确定是否存在 CC 攻击。打开记事本,输入如下代码并保存为 CC.bat:

```
@echo off
time /t >>log.log
netstat -n -p tcp|find ":80">>Log.log
notepad log.log
exit
```

上面的代码的含义是筛选出当前所有到 80 端口的连接。当感觉服务器异常时,就可以双击运行该批处理文件,然后在打开的 log.log 文件中查看所有的连接。如果同一个 IP 地址有比较多的到服务器的连接,那么基本可以确定该 IP 地址正在对服务器进行 CC 攻击。

(3) 查看系统日志。

Web 日志一般在 C:\WINDOWS\system32\LogFiles\HTTPERR 目录下,该目录下有类似 httperr1.log 的日志文件,这个文件中保存了 Web 访问错误的记录。管理员可以依据日志时间属性选择相应的日志进行分析,以判断是否服务器受到了 CC 攻击。默认情况下,Web 日志记录的项并不是很多,可以通过 IIS 进行设置,让 Web 日志记录更多的项,以便进行安全分析。

2) HTTP 洪水攻击

Web 服务通常使用 HTTP 进行请求和响应数据的传输。常见的 HTTP 请求有

GET 请求和 POST 请求,在处理这些请求的过程中,Web 服务器通常需要解析请求,处理和执行服务器脚本,验证用户权限,并多次访问数据库,这会消耗大量的计算资源和 I/O 访问资源,如图 6-13 所示。

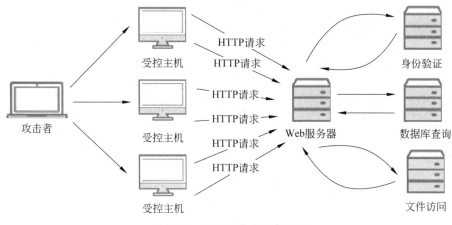

图 6-13　HTTP 洪水攻击流程

如果攻击者利用大量的受控主机不断地向 Web 服务器恶意发送大量 HTTP 请求,要求 Web 服务器处理,就会完全占用服务器的资源,造成其他正常用户的 Web 访问请求处理缓慢甚至得不到处理,导致拒绝服务。

3) Slowloris 攻击

这是一种针对 Web 服务器的慢速 HTTP 攻击,由安全研究人员在 2009 年提出。在 HTTP 协议中规定,HTTP 头部以连续的"\r\n\r\n"作为结束标志。许多 Web 服务器在处理 HTTP 请求的头部信息时,会等待头部传输结束后再进行处理。因此,如果 Web 服务器没有接收到连续的"\r\n\r\n",就会一直接收数据并保持与客户端的连接。利用这个特性,攻击者能够长时间与 Web 服务器保持连接,并逐渐耗尽 Web 服务器的连接资源。图 6-14 为 Slowloris 攻击流程。

攻击者在发送 HTTP GET 请求时,缓慢地发送无用的 header 字段,并且一直不发送"\r\n\r\n"结束标志,这样就能够长时间占用与 Web 服务器的连接并保证该连接不被超时中断。然而,Web 服务器能够处理的并发连接数是有限的,如果攻击者利用大量的受控主机发送这种不完整的 HTTP GET 请求并持续占用这些连接,就会耗尽 Web 服务器的连接资源,导致其他用户的 HTTP 请求无法被处理。

4) ReDoS 攻击

ReDoS(正则表达式拒绝服务攻击)是安全研究人员在 2009 年发现的一种拒绝服务攻击方法。在处理请求数据时,Web 应用程序通常会使用正则表达式进行字符串的匹配操作。一部分正则表达式引擎会使用一种被称为非确定性有限状态自动机(NFA)的实现方式,以便能够处理复杂的正则表达式,例如包含了向后引用或者捕获括号的正则表达式。然而,这种正则表达式引擎的实现方式也导致了其处理时间增加,尤其是在确定"否定匹配"(即输入字符串与正则表达式不匹配)时,正则表达式引擎需要对所有可能的匹配路径全部进行测试。如果位于 Web 应用程序中的正则表达式写得不够好,需要测试的匹

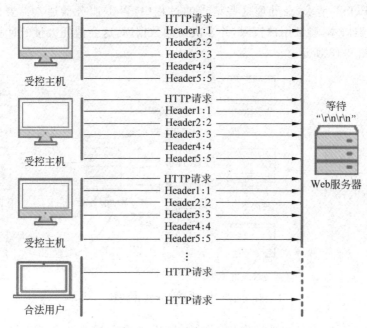

图 6-14　Slowloris 攻击流程

配路径数量会随着输入字符串的长度呈指数级增长。利用恶意构造的输入字符串,攻击者只需要提交较短的输入字符串就可以强制正则表达式引擎处理数亿个匹配路径,所需时间可以达到几个小时甚至几天,如图 6-15 所示。

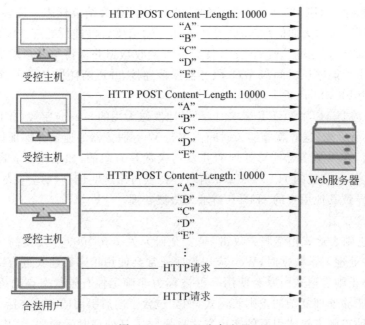

图 6-15　ReDoS 攻击流程

6.4　DDoS 攻击的防御方法

近年来随着网络的不断普及,DDoS 攻击的危害性不断升级,面对各种潜在的不可预知的攻击,越来越多的企业显得不知所措和力不从心。虽然可以通过加固系统来尽可能地防范僵尸程序,但由于 DDoS 攻击在 TCP 连接原理上是合法的,完全杜绝 DDoS 目前还不太可能,但通过适当的措施抵御大部分的 DDoS 攻击是可以做到的。基于攻击和防御都有成本开销的缘故,若通过适当的办法增强了抵御 DDoS 的能力,也就意味着加大了攻击者的攻击成本,那么绝大多数攻击者将因无法继续下去而放弃,也就相当于成功地抵御了 DDoS 攻击。

对于 DDoS 攻击来说,主要有网络层 DDoS 攻击和应用层 DDoS 攻击两大类型。网络层 DDoS 攻击已经随着网络技术的进步而得到了很大的抑制。现阶段对网络威胁最大的是应用层 DDoS 攻击,这种攻击的破坏性更强,因为它往往是一种非对称的攻击,客户端只需要消耗很小的带宽和主机资源,就会使得服务器消耗很大的带宽或者主机资源,这种攻击造成的破坏更大,而攻击者发动攻击却变得更容易。例如,CC 攻击不需建立一个僵尸网络,只需在网上搜索一系列的代理服务器,并利用这些代理服务器发动攻击即可。

对抗 DDoS 攻击要从两个方面着手:一方面需要积极、安全地配置主机、网络和网络设备,阻止可能发生的 DDoS 攻击,减小 DDoS 攻击的规模,这种方法称为"治理";另一方面,DDoS 攻击已经发生的情况下,作为被攻击的目标而采用各种方法减小 DDoS 攻击造成的影响,保证服务的可用性,这种方法称为"缓解"。

总体来说,DDoS 攻击防范技术主要分为 3 类:

第一类是通过合理配置系统,达到资源最优化和利用最大化。

第二类是通过加固 TCP/IP 协议栈来防范 DDoS 攻击。

第三类是通过防火墙、路由器等过滤网关有效地探测攻击类型并阻止攻击。

6.4.1　DDoS 攻击的治理

1. 对僵尸网络的治理

对僵尸网络进行治理,可从源头停止正在进行的 DDoS 攻击,这是对抗 DDoS 攻击最有效的方法。然而,在实际操作过程中,治理僵尸网络仍有许多困难。

进行僵尸网络治理的首要困难在于,只有检测到网络异常后,安全人员才能知道系统感染了僵尸程序。如果僵尸网络发动 DDoS 攻击后,单位时间内产生大量的攻击流量,那么从安置于网络出口的检测设备的提示,或从部分被感染主机的内存占用上,安全人员可能发现系统存在僵尸网络。但如果这些通信流量很小,并做了加密,那么这些通信极有可能被淹没于正常的请求中而不被发觉,安全人员很难察觉到主机受到了感染。

检测到感染后,一般就能提取到样本,此刻遇到的另一个困难就是需要对样本进行逆向分析,找出需要的信息。依据样本分析的难易程度,有可能要花费相当长的时间。

僵尸网络的治理可以从两方面着手:

一是根据逆向分析的结果,编写僵尸程序清除工具,分发至企业局域网的其他被攻击主机,进行清除僵尸程序的处理,同时将 C&C 服务器域名或地址以及通信包特征加入规则予以拦截。这种方法的不足在于,清除工具可以清除掉的只是僵尸网络的冰山一角,整个僵尸网络仍然可以维持运营,主机仍然面临被攻击的风险。

二是接管或摧毁整个僵尸网络。这种做法往往非常困难,因为僵尸网络的分布通常不局限于一个地区、一个国家甚至一个洲,而是分布于多个国家、多个洲,其相应的控制服务器也分布广泛。因此,这种跨区域的打击行动需要政府间的协调合作,往往只有有实力、影响大的跨国公司才能做到,例如微软公司对 Nitol 僵尸网络的打击。

2. 对地址伪造攻击的治理

在当前的互联网环境中,伪造地址发起网络攻击是一件非常容易的事。伪造地址不仅使得安全人员追查攻击源变得更加困难,难以使用源地址过滤的方式阻挡攻击,还会使 DDoS 攻击达到更大的规模,尤其是 DNS 反射攻击,可将原始攻击流量放大数十倍,加剧威胁的程度。目前,防御地址伪造的方法主要有以下 5 种。

1) 路由过滤

具体而言,路由过滤就是互联网服务提供商在网络出入口处的路由器上对符合以下条件的数据包进行过滤:

(1) 从外部接口进入内部网络的数据包,但源地址属于内部网络。

(2) 由内部网络向外发送的数据包,但源地址不属于内部网络。

2) 分布式包过滤

基于路由的分布式包过滤方法(Distributed Packet Filtering,DPF)的原理是:路由器根据数据包的源地址和目的地址判断其转发路径是否经过自己,如果不经过,则丢弃该数据包。

如图 6-16 所示,攻击者位于 AS7 中,试图对 AS4 的目标进行攻击,于是将攻击源地址伪造成 AS2 中的成员。当攻击数据包经过 AS6 和 AS7 之间的边界路由器时,路由器会判断 AS2 到 AS4 的路径,发现不会经过自己,就将数据包丢弃。

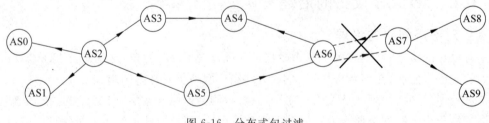

图 6-16　分布式包过滤

3) 输入验证

在用户请求与 Web 服务器间设置网关进行输入验证,设置防御算法过滤不合法请求,以保护网关后端的 Web 服务器集群和数据库服务器集群。防御算法对后端服务器透明,所有进入保护网络的流量经过防御算法的检查和验证,将通过验证的请求转发给服务器,将验证失败的请求过滤,因而恶意请求不会到达服务器,避免了对服务器网络带宽和主机资源的消耗。

防御算法采用轻量级的验证机制鉴别合法请求和恶意攻击。用户请求到达时,防御算法首先对客户端进行验证,作为中间人代替服务器返回客户端一段 JavaScript 代码以及密钥 port_key。客户端利用 port_key 计算新的 TCP 连接端口 auth_port,在合法 TCP 端口再次建立连接的用户通过验证,其发送的请求经过网关的端口转换,发送至 Web 服务器的开放端口;非法 TCP 端口上的数据包被网关过滤,算法将在非法端口上尝试连接错误次数达到上限的源 IP 地址加入黑名单,直接过滤来自黑名单的数据包,抵抗蛮力攻击,增强自身的鲁棒性。

防御算法的验证和过滤在 IP 层进行,客户端浏览器对验证码的计算在应用层进行,验证机制在 TCP/IP 协议栈中的非对称性使得算法的验证和过滤在协议栈 IP 层实现,无须消耗协议栈高层资源,能够加快其处理速度;而客户端的计算在应用层实现,无须改变客户端协议栈,无须额外的软硬件支持,实现了对客户端的透明性。此外,验证成功的合法请求经过网关的端口转换发送至服务器的开放端口,无须修改服务器应用程序,能够实现网关的透明部署。图 6-17 和图 6-18 分别表示合法用户一次请求的交互过程和攻击者一次请求的交互过程。

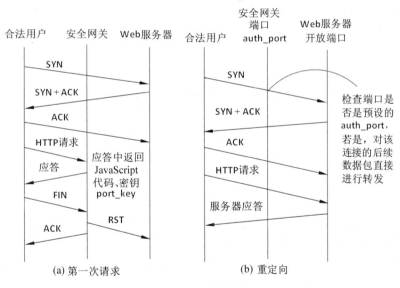

图 6-17 合法用户一次请求的交互过程

4)单播反向路径转发

单播反向路径转发(Unicast Reverse Path Forwarding,Uncast RPF)是一种缓解地址伪造的技术。一旦开启了这种功能,路由器会对进入的数据包检查源地址和源端口是否在路由表中。如果是,则认为该数据包是通过最优路径到达该路由器的,应该正常转发,否则丢弃。具体分为 5 个步骤:

(1)对于输入方向的数据包,检查访问控制列表(ACL)是否允许通过。

(2)按照 Unicast RPF 检查是否通过最优路径到达。

(3)转发信息库(Forwarding Information Base,FIB)查找。

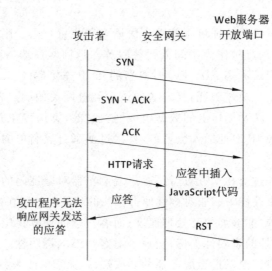

图 6-18　攻击者一次请求的交互过程

（4）对于输出方向，检查访问控制列表是否允许通过。

（5）转发数据包。

5）访问控制

访问控制是防范 DDoS 的核心内容，目前许多大型网站的 DDoS 防范技术正在向路由器防范、网关防范发展，但是中小型网站采用这种防御方法的成本太高，因而可采取访问控制，根据不同的服务请求采取不同的优先级策略，采取 IP 地址跟踪，利用 IP 地址的 Hash 值来建立数据库。对于访问频率最高的前 10％的 IP 地址建立白名单数据库并设置较高的优先级，对于未列入白名单的 IP 地址则以较高的概率丢弃。

访问控制的原理是服务器利用连接记录来区分不同的数据流。服务器检查黑名单和白名单。如果 IP 地址在黑名单中，则丢弃请求。如果 IP 地址在白名单中，则将其请求直接送入高优先级队列等待服务，建立 TCP 连接。如果 IP 地址既没在黑名单中也没在白名单中，并且此连接请求没有通过图灵测试，则客户端将有 10 次机会解答图灵测试。如果客户端能够正确解答图灵测试，则将其请求放入普通队列，普通队列的优先级将低于白名单队列的优先级。如果不能正确解答图灵测试，则将 IP 地址加入黑名单，并将其请求放入黑名单队列，此队列在 10min 内不响应，超出队列长度的请求将直接丢弃，同时采用随机丢弃的方法，使后续请求能够加入此队列。这样采用 3 个队列，以不同的权重有效地限制数据流，提高资源利用率。

综上，访问控制机制由以下三种机制组成：

（1）如果 IP 地址在黑名单中，则随机丢弃该客户端请求，并在 10min 内不响应该客户端的请求。

（2）如果 IP 地址在白名单中，则将其请求直接送入高优先级队列等待服务，建立 TCP 连接。

（3）如果 IP 地址既不在白名单中也不在黑名单中，则以较高的概率丢弃其请求。

3. 对攻击反射点的治理

反射式 DDoS 攻击,尤其是 DNS 反射攻击,已成为当前最具破坏力的攻击形式之一。2013 年,反垃圾邮件组织 Spamhaus 遭受了流量高达 300Gb/s 的 DDoS 攻击,这是迄今为止最大规模的 DDoS 攻击,其采用的方法就是 DNS 反射攻击。

反射式 DDoS 攻击备受攻击者青睐的主要原因有两个:

(1) 通过伪造地址隐藏攻击源。

(2) 大多数反射攻击同时具有放大作用,可以将攻击流量放大数十倍。

反射攻击包括 ACK、DNS、SNMP、NTP 等种类,其中 DNS 反射攻击最为普遍。这是因为互联网中存在大量可作为反射点的 DNS 服务器,而且 DNS 反射攻击可以实现较大的反射倍数。下面以 DNS 反射点为例,介绍对攻击反射点的治理方法。

对于放大攻击来说,流量一旦经过反射点放大,占用带宽就会急剧上升,而无论采用何种防御方法,都意味着成本或代价急剧上升。因此针对反射点进行治理,对于减少流量型 DDoS 攻击具有事半功倍的效果。针对不同的需要,有 3 种治理方法。

1) Open Resolver Project

通过 Open Resolver Project 验证 DNS 服务器的安全性。Open Resolver Project 是一个国际组织,它致力于减少 DNS 放大攻击造成的威胁。这个组织定期维护一份 DNS 服务器列表,包括 3300 万台服务器,其中的 2800 万台存在风险。

Open Resolver Project 提供查询功能,使用者可以查询任何网段中开放的地址解析器,查询结果包括从多个地址向其发送请求的响应结果。如果一个 DNS 服务器可以从任意地址访问,并无限速地回应查询请求,那么它就可以被用作 DDoS 攻击的反射点。

2) 配置 RRL

2013 年 7 月 25 日,互联网系统协会(Internet Systems Consortium,ISC)宣布,为了防御利用 DNS 发起的反射式 DDoS 攻击,最新版的 BIND 软件增加了响应速率限制(Response Rate Limiting,RRL)模块,并声称这会是缓解 DNS 反射攻击的最有效方法。

响应速率限制是对 DNS 协议的一种增强功能,目的是缓解 DDoS 放大攻击。RRL 官方认为之所以 DNS 服务器很容易被用于反射攻击,是由于以下 3 方面的原因:

(1) DNS 查询通常使用 UDP 协议,因为这是一种不验证来源的协议,所以很容易伪造地址。攻击者可以将发送的请求数据包中的源地址改为攻击目标的地址,这样 DNS 服务器会向受害者发送回复。

(2) 大部分 ISP 不检查发自自身的数据包中的源地址是否真实,这使得互联网中伪造地址盛行。

(3) 几个字节的 DNS 请求数据包就可以引发数倍甚至数十倍的响应。例如,查询 isc. ong 的 EDNS0 数据包只有 36B(不包括 UDP、IP 和以太网头部),而触发的响应数据包长达 3576B(不包括 UDP. P 和以太网头部)。攻击者可以控制攻击以引发巨量的增幅。

通过配置 RRL 模块,可以用于应对多重攻击场景,达到快速治理的目的。

3) 参考安全域名系统部署指南

安全人员可通过参考 NIST SP800-812 全面建设安全的 DNS 服务器。2006 年 5 月,

NIST 发布了特别出版物——《安全域名系统部署指南》(*Secure Domain Name System (DNS) Deployment Guide*),2013 年 9 月发布了第 2 版。

该指南认为,由于 DNS 缺乏对系统边界的定义以及缺乏数据验证,使得它会面临以下威胁:

(1) 利用假冒身份欺骗 DNS 服务器,借以实施拒绝服务攻击。

(2) 入侵者或虚假的 DNS 信息提供者可以污染 DNS 的缓存,这将导致错误访问子域名。

(3) 篡改 DNS 服务器中对历史查询的缓存,可能导致使用该 DNS 服务器的用户访问有害的非法资源。

(4) 如果域名解析请求的数据违反了 DNS 规范的定义,可能产生不良影响,例如增加系统的负载、保存过时的数据,甚至使系统无法提供服务。对于 DNS,数据内容决定着整个系统的完整性。

对于这些威胁,该指南提出了以下通用建议:

(1) 实施适当的系统和网络安全控制,确保 DNS 托管环境,如操作系统和应用程序安装补丁程序、进程隔离和网络的容错性。

(2) 对于一个企业控制范围内的 DNS 服务器,对 DNS 事务进行保护,例如域名解析数据的更新和备份。保护的方法可以参考互联网工程任务组(IETF)的事务签名(TSIG)规范,使用基于共享秘密的散列消息认证码。

使用基于非对称加密的数字签名保护 DNS 的请求/应答事务,具体内容可以参考 IETF 的域名系统安全扩展(DNSSFC)规范。

6.4.2 DDoS 攻击的缓解

大部分的治理方法需要在 DDoS 攻击发生之前就配置好,并且需要世界范围内的网络运营商、网络公司和网络组织有效合作,才能达到较好的对抗效果。然而,对于许多中小型企业和组织来说,他们并没有能力进行大范围的网络治理和僵尸网络打击行动,却比大型公司和组织更可能遭受 DDoS 攻击。对于这些中小型企业和组织来说,难道只能处于被动挨打的位置吗?

事实上,在 DDoS 攻击已经发生的情况下,可以通过一些缓解技术来减少 DDoS 攻击对自身业务和服务的影响,从而在一定程度上保障业务正常运行。DDoS 缓解技术并不能根除 DDoS 攻击对于目标的影响,而只能最大限度地减小损失。

缓解 DDoS 攻击的主要方法是对网络流量进行清洗,即设法将恶意的网络流量从全部流量中去掉,通过防火墙对异常流量的清洗过滤,例如数据包的规则过滤、数据流指纹检测过滤和数据包内容定制过滤等,只将正常的网络流量交付该服务器。然而,随着 DDoS 攻击的流量不断增大,单一的流量清洗设备和流量清洗中心已经无法处理如此大规模的网络流量,因此,面对现在的 DDoS 攻击时,在进行流量清洗前还需要进行流量稀释。

1. 攻击流量的稀释

DDoS 攻击的来源通常分布非常广泛,经常会出现从一个国家的不同位置甚至从整个世界的不同位置同时向目标发起攻击的情况。从每一个攻击来源来看，其攻击流量可能并不大，但是当成千上万个攻击流汇聚到被攻击目标时，全部的攻击流量就会完全占满被攻击目标的网络出口带宽，这时无论再进行什么形式的流量清洗，也不会有任何效果了。

因此，在面对超大流量的 DDoS 攻击时，首先要做的就是将流量进行稀释和分散。在流量被稀释和分散以后，攻击情况就从"多对一"变成了"多对多"，这样到达每个流量清洗设备或流量清洗中心的网络流量都会下降到其能够处理的范围之内，也就能够进行进一步的清洗工作。

目前比较流行的攻击流量稀释的方法是使用 CDN(Content Delivery Network，内容分发网络)或 Anycast(任播)技术。

1) CDN

CDN 就是在互联网范围内广泛设置多个节点作为代理缓存，并将用户的访问请求导向最近的缓存节点，从而加快访问速度的一种技术手段。CDN 技术的初衷是提高互联网用户对网站静态资源的访问速度，但是由于其分布式、多节点的特点，它也能够对 DDoS 攻击的流量产生稀释的效果。

用户的访问请求通常通过智能 DNS 被导向最近的缓存节点。在许多情况下，对于资源和服务的访问请求是以域名的形式发出的，传统的域名解析系统会将同一域名的解析请求解析成一个固定的 IP 地址，因此整个互联网对于该域名的访问都会被导向这个 IP 地址，如图 6-19 所示。

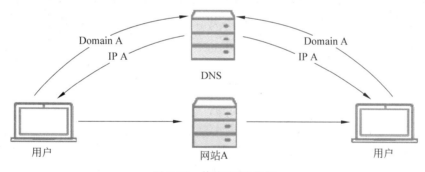

图 6-19 传统 DNS 解析

而在智能 DNS 中，一个域名会对应一张 IP 地址表，当收到域名解析请求时，智能 DNS 会查看解析请求的来源，并给出地址表中距离请求来源最近的 IP 地址，这个地址通常也就是最接近用户的 CDN 缓存节点的 IP 地址。用户收到域名解析应答后，认为该 CDN 节点就是他请求的域名所对应的 IP 地址，则会向该 CDN 节点发起服务或资源请求。

在发生了 DDoS 攻击时，智能 DNS 会将来自不同位置的攻击流量分散到对应位置的 CDN 节点上，这使得 CDN 节点成为区域性的流量吸收中心，从而达到流量稀释的效果。在流量被稀释到各个 CDN 节点后，就可以在每个节点处进行流量清洗，只将正常的请求交付给源站，从而达到防护源站的目的，如图 6-20 所示。

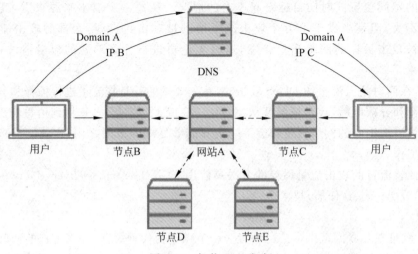

图 6-20 智能 DNS 解析

2）Anycast

Anycast 技术是一种网络寻址和路由方法。通过使用 Anycast，一组提供特定服务的主机可以使用相同的 IP 地址，同时，服务访问方的请求报文将会被 IP 网络路由到这一组目标中拓扑结构最近的一台主机上。

Anycast 通常是通过在不同的节点处同时使用边界网关协议（Border Gateway Protocol，BGP）向外声明同样的目的 IP 地址的方式实现的。如图 6-21 所示，服务器 A 和服务器 B 是 Anycast 的两个节点，它们通过 BGP 向外声明其 IP 地址为 10.0.0.1。

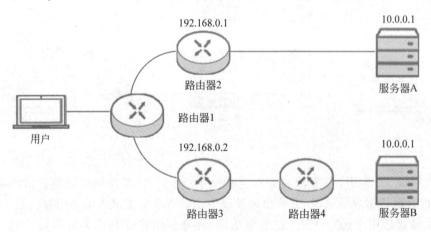

图 6-21 Anycast 示例

当客户端位于路由器 1 的网络内时，它将会通过路由器 1 来选择路由的下一跳。而对路由器 1 来说，到达服务器 IP 地址 10.0.0.1 的网络拓扑如图 6-22 所示。显然转发到路由器 2 的距离更短，因此，路由器 1 会将请求报文转发给路由器 2 而不是路由器 3，从而实际上发送给了服务器 A，达到发送给 Anycast 中最近的节点的目的。

使用 Anycast 技术能够稀释 DDoS 攻击流量，在 Anycast 寻址过程中，流量会被导向

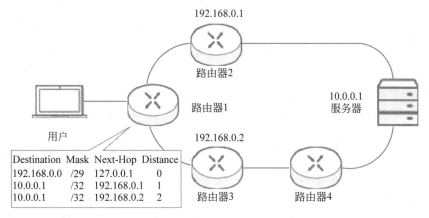

图 6-22　路由器 1 视角的网络拓扑结构

网络拓扑结构中最近的节点，在这个过程中，攻击者并不能对攻击流量进行操作，因此攻击流量将会被分散并稀释到最近的节点上，如图 6-23 所示。

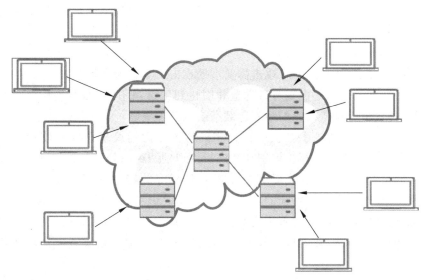

图 6-23　使用 Anycast 稀释流量

2. 攻击流量的清洗

流量清洗是指在全部的网络流量中区分出正常流量和恶意流量，将恶意流量阻断和丢弃，而只将正常的流量交付给服务器。

与其他的网络安全检测和防护手段类似，流量清洗也需要考虑漏报率和误报率的问题。通常，漏报率和误报率是一对矛盾，需要通过对检测和防护规则的调整来进行平衡。如果流量清洗的漏报率太高，就会有大量的攻击请求穿透流量清洗设备，无法有效地减少攻击流量，也就达不到减轻服务器压力的效果。相反，如果误报率太高，就会出现大量的正常请求在清洗过程中被中断，严重影响正常的服务和业务运行。

优秀的流量清洗设备应该能够同时将漏报率和误报率降低到可以接受的程度，这样就能够在不影响网络或业务系统正常运行的情况下,最大限度地将恶意攻击流量从全部网络流量中去除。要达到这个目的,需要同时使用多种准确而高效的清洗技术,这些技术包括 IP 信誉检查、攻击特征匹配、速度检查与限制、TCP 代理和验证、协议完整性验证和客户端真实性验证。

1) IP 信誉检查

IP 信誉检查原本是用于识别和对抗垃圾邮件的一种技术,不过这种技术也可以用来在网络层进行流量清洗。

IP 信誉机制是指为互联网上的 IP 地址赋予一定的信誉值,那些过去或现在经常为僵尸主机发送垃圾邮件或发动 DDoS 攻击的 IP 地址会被赋予较低的信誉值,说明这些 IP 地址更有可能成为网络攻击的来源。

当发生 DDoS 攻击时,流量清洗设备会对通过的网络流量进行 IP 信誉检查,在其内部的 IP 地址信誉库中查找每个数据包来源的信誉值,并会优先丢弃信誉值低的 IP 地址所发来的数据包或建立的会话连接,以此保证信誉值高的 IP 地址与服务器的正常通信。IP 信誉检查的极端情况就是 IP 黑名单机制,即如果数据包的来源存在于黑名单之中,则不进行任何处理,直接丢弃该数据包。这种方式一般会造成较多的误报,影响正常服务的运行。

2) 攻击特征匹配

在大多数情况下,发动 DDoS 攻击需要借助攻击工具。为了提高发送请求的效率,攻击工具发出的数据包通常是由编写者伪造并固化到工具当中的,而不是在交互过程中产生的,因此一种攻击工具所发出的数据包载荷会具有一些特征。

流量清洗设备可以将这些数据包载荷中的特征作为指纹来识别工具发出的攻击流量。指纹识别可以分为静态指纹识别和动态指纹识别两种。静态指纹识别是指预先将多种攻击工具的指纹特征保存在流量清洗设备内部,设备将经过的网络数据包与内部的特征库进行比对,直接丢弃符合特征的数据包;动态指纹识别则需要流量清洗设备对流过的网络数据包进行学习,在学习到若干个数据包的载荷部分之后,将其指纹特征记录下来,后续命中这些指纹特征的数据包会被丢弃,而长期不被命中的指纹特征会逐渐老化直至消失。

3) 速度检查与限制

一些攻击方法在数据包载荷上可能并不存在明显的特征,没有办法进行攻击特征匹配,但在请求数据包发送的频率和速度上有着明显的异常。这些攻击方法可以通过速度检查与限制来进行清洗。例如,在受到 THC SSL DoS 攻击时,会在同一个 SSL 会话中多次进行加密密钥的重协商,而正常情况下是不会反复重协商加密密钥的。因此,当流量清洗设备进行统计时,如果发现 SSL 会话中密钥重协商的次数超过了特定的阈值,就可以直接中断这个会话并把来源加入黑名单中。

再如,在受到 Slowloris 和慢速 POST 请求攻击时,客户端和服务器之间会以非常低的速率进行交互和数据传输。流量清洗设备在发现 HTTP 的请求长时间没有完成传输时,就可以将会话中断。

此外,对于 UDP 洪水攻击等一些没有明显特征、仅通过大流量进行攻击的方法,可以通过限制流速的方式对其进行缓解。

4）TCP 代理和验证

SYN 洪水攻击等攻击方式都是利用 TCP 的弱点，将被攻击目标的连接表占满，使其无法创建新的连接而达到拒绝服务攻击的目的。流量清洗设备可以通过 TCP 代理和验证的方法来缓解这种攻击造成的危害。

在一个 TCP SYN 请求到达流量清洗设备后，设备并不将它交给后面的服务器，而是直接回复一个 SYN＋ACK 响应，并等待客户端回复。

如果 SYN 请求来自合法的用户，那么他会对 SYN＋ACK 进行响应，这时流量清洗设备会代替用户与其保护的服务器建立起 TCP 连接，并将这个连接加入信任列表当中，如图 6-17 所示。之后，合法的用户和服务器之间就可以通过流量清洗设备进行正常数据通信。对于用户来说，整个过程是完全透明的，正常的交互没有受到任何影响，如图 6-24 所示。

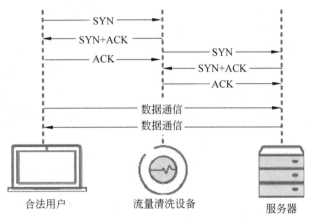

图 6-24　正常用户的 TCP 交互

而如果这个 SYN 请求来自攻击者，那么他通常不会对 SYN＋ACK 进行响应，从而形成半开连接。这样流量清洗设备会暂时保留这个半开连接，并在经过短暂的超时时间之后丢弃这个连接，如图 6-25 所示。

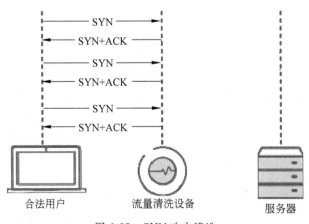

图 6-25　SYN 攻击清洗

流量清洗设备对连接表操作进行了专门优化,能够处理极其庞大的连接请求数量,因此即使有非常多的 SYN 请求同时涌向流量清洗设备,流量清洗设备也能够处理。在这个过程中,由于流量清洗设备拦截攻击发生在被保护的服务器之前,服务器并没有消耗任何连接资源,因此保证了服务器的性能不受影响。

5)协议完整性验证

为了提高发送攻击请求的效率,大多数的攻击方法都会只发送攻击请求,而不接收服务器响应的数据,或者无法完全理解和处理响应数据。因此,如果能够对请求来源进行交互式验证,就可以检查请求来源协议实现的完整性。对于协议实现不完整的请求来源,通常可以将其作为攻击主机,丢弃其发送的数据。

在 DNS 解析的过程中,如果域名解析请求获得的响应数据中的 Flags 字段的 Truncated 位被置位,通常客户端就会使用 TCP 53 端口重新发送域名解析请求。而攻击者使用的攻击工具由于不接受或不处理解析请求的响应数据,也就不会使用 TCP 53 端口进行重新连接。流量清洗设备可以利用这个特点有效区别合法用户和攻击者。

6)客户端真实性验证

进行协议完整性验证能够清洗一部分简单的攻击工具所发送的攻击流量,但是,一些攻击工具在开发过程中使用了现成的协议库,这样就能够完整实现协议交互,通过协议完整性检验。对于这些攻击工具,需要使用客户端真实性验证技术进行攻击流量清洗。

客户端真实性验证是指对客户端程序进行挑战-应答式的交互验证,检查客户端能否完成特定的功能,以此来确定请求数据是否来自真实的客户端。

对基于页面的 Web 服务,可以通过检查客户端是否支持 JavaScript 来验证请求是否来自真实的浏览器客户端。当收到 HTTP 请求时,流量清洗设备会使用 JavaScript 等脚本语言发送一条简单的运算操作。如果请求是由真实的浏览器发出的,那么浏览器会进行正确运算并返回结果,流量清洗设备进行结果验证后就会让浏览器跳转到 Web 服务器上真正的资源位置,不会影响正常用户的访问,如图 6-26 所示。

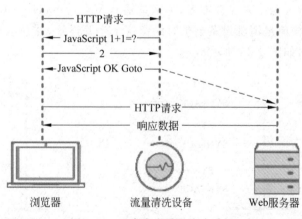

图 6-26 正常客户端的脚本验证

而如果请求是由攻击者通过攻击工具发送的,由于大部分工具没有实现 JavaScript 的解析和执行功能,因而不能返回正确的运算结果。流量清洗设备会直接丢弃这些请求,而不会给出跳转到 Web 服务器的连接,因此 Web 服务器不会受到影响,如图 6-27 所示。

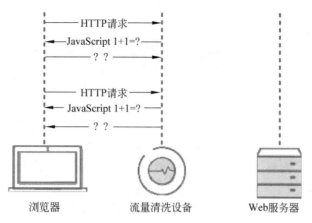

图 6-27　伪造客户端的流量清洗

如果攻击者牺牲工具的一部分攻击效率,在工具中加入 JavaScript 的解析和执行功能,以便通过 JavaScript 验证,这时则需要使用验证码进行人机识别。

常见的验证码是让用户输入一个扭曲变形的图片上的文字。对于真实人类用户来说,通常比较容易识别出文字,给出正确的结果,通过测试。而对于计算机来说,识别验证码中的文字十分困难,无法给出正确结果,则流量清洗设备就会直接丢弃这种请求,保护 Web 服务器不受影响。

思　考　题

1. 什么是 DDoS 攻击?
2. DDoS 攻击的流程是什么?
3. 与其他攻击形式相比,DDoS 攻击有什么特点?
4. DDoS 攻击很多种,简述各种 DDoS 攻击的攻击方式。
5. 应用层防范 DDoS 攻击的方法和原理是什么?

第 7 章

威胁情报中心

近年来,在网络安全领域逐步兴起的基于威胁情报(Threat Intelligence,TI)的安全防御成为业界公认的网络安全未来发展方向。过去的安全产品技术一般都是基于内置的签名来判断,现在的安全产品则普遍采用多种安全引擎,引入了多种分析手段,例如威胁情报。接入威胁情报之后,安全产品就能够分析和阻断威胁来源。威胁情报中心可以将威胁相关的各类信息进行关联,为网络攻击检测防护、联动处置、信息共享提供一个决策信息平台,帮助用户更好地应对攻击威胁。本章介绍威胁情报的基本概念、分类和用途等。

7.1 威胁情报概述

7.1.1 威胁情报定义

随着网络空间安全形势的日益严峻,频发的网络攻击不断挑战着网络安全防御的能力。诸多网络攻击由一系列事件所组成,通常为有序的或相互依赖的多个步骤,而传统的安全防护手段大多只能获取局部攻击信息,无法构建出完整的攻击链条来解决当前的安全威胁,安全行业面临着前所未有的挑战。采用威胁情报来解决网络空间安全的各种问题成为一种发展趋势。

威胁情报是基于证据的描述威胁的一组关联的信息,包括威胁相关的环境信息,采用的手法机制、指标、影响,以及行动建议等,是网络安全机构为了共同防御网络安全攻击而逐渐兴起的一项技术。

2013 年美国 IT 咨询公司 Gartner 对威胁情报作了较为权威的定义:"威胁情报是一种基于证据的知识,它就网络资产可能存在或出现的风险、威胁给出了相关联的场景、机制、指标、内涵及可行的建议等,可为主体响应相关威胁或风险提供决策信息。"

与传统的单维度恶意代码库或不良域名库不同,威胁情报描述现存的或者即将出现的针对资产的威胁或危险,可以让安全人员了解威胁的全貌。它将从安全服务厂商、防病毒厂商和安全组织得到的安全预警通告、漏洞通告、威胁通告等信息用于对网络攻击进行追根溯源。通过收集大量基础信息、监测互联网流量,或将客户的网络也纳入检测的范围,以获得客户的特定安全情报信息,抽象成可机读威胁情报(Machine-Readable Threat Intelligence,MRTI)后,利用蜜网、沙箱、DPI 等技术进行数据分析加工,最终形成安全威胁报告。在威胁情报中,有大量对安全威胁的描述,如漏洞检测与定义、钓鱼网站、IP 指纹库等,帮助分析人员准确判断攻击者的身份、意图、特征和攻击手法等,例如通过使用威胁情报得知僵尸网络的 IP 地址或钓鱼网站的网址后,防火墙可以快速准确地过滤、屏蔽这些恶意地址,减少攻击带来的危害,避免给用户造成不必要的损失。

威胁情报总体上说由两部分组成:

(1) 威胁信息:攻击源,如攻击者身份、IP 地址、DNS、URL;攻击方式,如武器库;攻击对象,如指纹信息;漏洞信息,如漏洞库。

(2) 防御信息:访问控制列表和规则(策略)库。

以 Web 攻击为例,威胁情报可以提供以下信息:

(1) IP 地址。用于提供攻击源信息,例如通过 IP 地址发现伪装搜索引擎的扫描器,定位攻击者的僵尸网络集群等。IP 指纹库可使分析人员以很高的概率迅速确定操作系统的版本。虽然 TCP/IP 协议栈的定义已经成为一项标准,但是各个厂家,如微软和 RedHat 等在编写自己的 TCP/IP 协议栈时却做出了不同的解释。这些解释因具有独一无二的特性,故被称为指纹。通过这些细微的差别,可以准确定位操作系统的版本。

(2) Host。用于提供域名信息,表明攻击源是自动生成的恶意域名还是入侵得来的子域名。当一个 CC 攻击源来自一个教育网,则在很大程度上可以判断该教育网是被攻击者入侵后的僵尸网络的一部分。

(3) URL。提供攻击方式信息,帮助分析人员判断攻击者是在探测阶段还是攻击阶段,攻击者利用的是什么应用的哪个版本的哪个漏洞,是在进行暴力破解(目录枚举、登录口爆破)、流量型攻击还是钓鱼攻击,等等。

(4) ResponseCode。提供了攻击对象所采用的防御信息,帮助分析人员判断攻击对象是否有 WAF 加持,是哪款 WAF 加持,防御的方式是拦截、重定向还是验证码。

可机读威胁情报主要用于为安全产品赋能,让它们可以检测和发现更多的关键性威胁,同时为报警提供优先级、上下文等事件响应必要的内容,让设备更智能,也更有利于安全人员进行处理。常见的可机读威胁情报分为以下 3 类:

(1) 失陷检测 IOC(Indicator of Compromise,入侵指示标记)情报。可以认为是威胁相关特征的集合,是目前可机读威胁情报的主要形态。IOC 用以发现内部被 APT 团伙、木马后门和僵尸网络控制的失陷主机等,从类型上看常为域名、URL 等,典型的 IOC 有文件 Hash、IP 地址、域名、程序运行路径、注册表项等,IOC 可以被网络安全设备和主机安全软件所读取和使用。从趋势上看,攻击者通过攻击一些合法网站来部署 CnC 架构的比例在上升,因此 URL 类型检测的必要性在增加。对于一般的企业,从外部威胁情报供应商处所能获得的威胁情报就是 IOC。一旦发现了集合中的一个指标,就可以通过 IOC 了解到其他所有的指标,进而了解威胁的全貌。

用户可以通过云端生成、管理中心分发和安全网关响应几个步骤完成 IOC 情报的落地,保护网络安全。图 7-1 为 IOC 示意图。

通常安全基础设施都是碎片化的,各种安全产品各自为战,在架构中的每一层都创建自己的日志和事件,系统日志中有大量的不良 IP 地址和域名,揭示着可能的 C&C 服务器通信、数据渗漏或非法服务,还有对应特定/恶意文件的 MD5 以及指向敌手的网络和终端。所有这些指标都能揭示恶意行为,但网络管理员却难以确知要先寻找和调查什么。

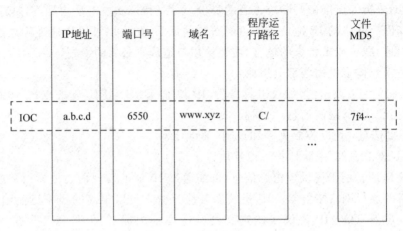

图 7-1　IOC 示意图

结果就是用户即使发现了威胁的特征,也只能了解单维度的威胁特征,无法在整体上看清威胁的全貌。

IOC 是将各安全工具的所有输出整合在一起的切实方法。IOC 可以构建整体视图,从指标追踪到攻击活动,使管理员对自身网络环境中正在发生的事情有更深刻的了解。因此,管理员往往可以通过数据中一些看似无害的行为(例如访问了某个域名)发现恶意威胁,而不用等到它真正发作,产生危害时才发现。同时也可以通过对已知威胁的分析,对未知威胁进行合理的预警。

(2)文件信誉。单一病毒引擎对文件的检测能力难以满足现实的需要,而基于云端大量样本库,通过多引擎、沙箱、yara 规则等检测分析方式,可以更加全面准确地得到恶意文件的类型、家族以及其他信息。通过文件 Hash 方式查询文件信誉,是在不影响本地系统稳定性和性能条件下,对 AV 或者沙箱检测的有效增强模式。

(3)威胁情报。威胁情报是互联网业务服务器防护场景下的情报数据,利用威胁情报可以拦截已知的黑 IP 地址,例如僵尸网络 IP 地址,对 Web 攻击报警进行优先级判断(甄别网络中大量存在的自动化攻击)并增加攻击相关的上下文信息。

图 7-2 为威胁情报的组成。图中 TTP 意为战术、技术和程序(Tactics、Techniques and Program)。

威胁情报的出现将网络空间安全防御从传统被动式防御转移到主动式防御。与传统情报应具备准确性、针对性和及时性等特征相比,威胁情报的基本特征主要有以下 4 点:

(1)时效性。威胁情报的时效性取决于攻击意图、攻击能力等,即与攻击者战略、技术和过程等信息相关。对于一般攻击者,威胁情报的时效期可能只有数秒至数分钟,而对于 APT 攻击,情报即使在恶意代码注入后数周、数月后才得悉,也具有非常重要的价值。

(2)相关性。威胁情报应与使用者的网络与应用环境直接相关。威胁情报是关于场景、机制等要素的知识,这样情报使用者才可以基于这些信息对当前网络安全状态做出准确评估。

(3)准确性。威胁情报应是正确、完整、无歧义的,即在描述威胁情报时给出一个威

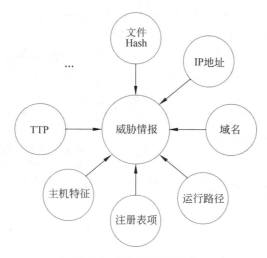

图 7-2　威胁情报的组成

胁指标的定量和定性描述及威胁指示(即 IOC),通常包括原子级、可计算类、行为类等。

(4) 可操作性。威胁情报要能够在描述性内容之外,为情报消费者给出针对威胁的消减或响应处置的启发性、权威性建议。

7.1.2　威胁情报分类

威胁情报的分类方式有以下 3 种:

第一种分类基于威胁情报运用对象,这是由美国官方提出的分类方式,它将网络威胁情报划分为战略威胁情报、战术威胁情报、行动威胁情报和技术威胁情报。其中,战略威胁情报为面向决策层的指导性风险信息,战术威胁情报针对管理和技术人员提供战术分析报告,这两类威胁情报的生成周期较长,过程也较为复杂;行动威胁情报与技术威胁情报的运转则相对快速得多,分别用于指导防御人员实施安全措施与供威胁分析人员进行技术分析与风险评估。从功能上看,战略威胁情报与行动威胁情报为各级决策者提供了咨询服务,而战术威胁情报和技术威胁情报更多为就事论事的分析报告。

第二种分类基于网络安全杀伤链的构建层次,威胁情报按照等级分成战略威胁情报、战区威胁情报和战术威胁情报。其中,战略威胁情报指对于一个企业或一个行业而言的威胁态势情报,最终目的是为了战略层面的安全决策,确定防护时的整体战略目标;战区威胁情报是针对具体业务和系统的威胁,这类威胁情报更具体、场景化和可视化;战术威胁情报是对每个杀伤链场景的情报分析,需要构建出单条杀伤链,分析攻击工具、攻击手法、攻击来源、攻击目标、威胁影响等的特征,战术威胁情报被认为是战区威胁情报的基础,在战术层面构建的杀伤链条数越多,整个威胁情报体系起的作用就越大。

第三种分类基于威胁情报的应用价值,分为归属情报、检测情报、指向情报、预测情报。归属情报根据行为证据指向特定攻击者,解决威胁行为人"是谁"的问题;检测情报指向在主机和网络上观察到的安全事件,解决威胁行为"是什么"的问题,是讨论分析最为广泛的情报类型;指向情报帮助预测哪些用户、设施或者项目可能成为定向攻击的目标,解决威胁行为"针对谁"的问题,由于有显著的行业或者组织特色,并不常见;预测情报通过行为模式来预测其他威胁事件的发生,解决威胁行为"接下来会怎样"的问题,这个方面的知识在安全分析过程中一直在使用,每一个成熟的安全分析师都会关注收集攻击者行为模式方面的信息。这 4 种威胁情报的特点如表 7-1 所示。

表 7-1　基于应用价值的威胁情报的特点

分　类	说　明	特　点
归属情报	用来区分特定的行为或者证据。指向特定的攻击者,主要回答"是谁"的问题(如:谁写的恶意软件,谁发起的攻击)	归属指标是情报分析中不可或缺的一环。一般来说,这类情报的收集和分析能力不是一家公司可以建立的:首先,它涉及大量有关组织的战略、战役及战术相关情报数据,也包括其他传统来源的情报数据;其次,即使有这样的能力,也往往在行为上受到法律的限制
检测情报	用来指向在主机或者网络上可以观察到的事件,如果命中,就意味着一个安全事件。它尝试回答"是什么"的问题(如:网络中某个木马联系了 C&C 服务器,这个 Web 会话中包含了注入攻击,等等)	这个类型的威胁情报在市场上的威胁情报产品中占绝大多数,在讨论基于数据类型分类时也是侧重考虑的内容
指向情报	帮助预测哪些用户、设施或者项目可能成为定向攻击的目标	这个类型的威胁情报虽然非常有价值,但是它和特定的行业或者组织关联更紧密,因此现在还很少看到提供此方面内容的威胁情报厂商
预测情报	通过行为模式来预测其他事件的发生(如:发现某 PC 下载了一个后门程序,就可以预测之前这台设备发生过漏洞利用,之后会有连接 C&C 的网络行为)	这个方面的知识在安全分析过程中一直在使用,每一个成熟的安全分析师都会注重收集攻击者行为模式方面的信息

7.2　威胁情报服务和威胁情报的用途

1. 威胁情报服务

威胁情报服务针对不同客户进行个性化定制。真正的威胁情报服务会收集每个客户的环境数据和情报要求,针对客户企业所处行业、技术和特定环境作出分析。定制化的信息能够给企业提供充足的上下文信息,企业可依据自身的特定需求和风险状况而不是根据整个行业的普遍情况来设定优先级和作出最佳决策。网络情报公司 iSight Partners 将威胁信息服务分为 3 种不同的阶段:签名与信誉源、威胁数据源和威胁情报。

签名与信誉源一般指的是恶意程序"签名"(文件 Hash)、URL 信誉数据和入侵指标,有时也包括一些基本的数据(例如"今日十大恶意程序威胁")。威胁数据源的主要价值在于提升下一代防火墙(NGFW)、入侵防御系统(IPS)、安全网关(SWG)、反恶意程序、反垃圾邮件包以及其他技术的有效性。签名与信誉源是纵深防御策略的其中一方面,但这类服务有其局限性:签名与信誉源能够阻挡多数攻击,但无法阻挡没有签名的针对性攻击;签名与信誉源针对个体威胁指标提供数据,但无法帮助企业识别企业自身、企业员工或者客户是否已经成为攻击目标。大量的签名和信誉分值也会让 SIEM(Security Information and Event Management,安全信息和事件系统)系统和防火墙产生大量告警,而面对如此大量的数据,安全团队是无法评估的。

威胁数据源可对常见恶意程序和攻击活动的波及范围、源头和目标进行统计分析。一些安全研究团队针对特定恶意程序发布的攻击解析,或者对高级、多阶段攻击的攻击顺序观察,都属于此类。威胁报告对于安全管理平台和应急响应团队是很有价值的,能够帮助他们分辨攻击模式。但大多数威胁实验室所作的分析都有明显的缺陷,数据收集是被动的("在防火墙和网络传感器上看到了什么?"),经常与供应商、客户群的地理位置和行业情形有关,这类分析是回顾型的("过去六个月在网络攻击中观察到了什么"),因而这类分析无法用于识别黑客的新策略和技术。

威胁情报包含了前两者的基础数据,但同时在几个重点方面作了提升,包括在全球范围内收集及分析活跃黑客的信息和技术信息,也就是说持续监控黑客团体和地下站点,了解网络犯罪者和激进攻击者共享的信息、技术、工具和基础设施。威胁情报还要求其团队拥有多样化的语言能力和文化背景,以便理解全球各地攻击者的动机和关系。另外,威胁情报以对手为重点,具有前瞻性,针对攻击者及其战术、技术与程序提供丰富的上下文数据。数据可能包括不同犯罪者的动机与目标,针对的漏洞,使用的域、恶意程序和社工方式,攻击活动的结构及其变化,以及攻击者规避现有安全技术的技巧。

2. 威胁情报的用途

威胁情报的用途多种多样,除去攻击检测方面的价值外,实际上威胁情报的使用场景非常广泛。

1) 安全体系建设与完善

目前,防御思路正在从以漏洞为中心转化为以威胁为中心,只有对需要保护的关键性资产存在的威胁有足够的了解,例如攻击者可能采取的战术、方法和行为模式,才能够建构起合理、高效的安全体系结构。如果能有指向指标类的信息,让安全人员知道所在行业当时可能的最大风险,就更能做到有的放矢。如果说不同方向的安全从业者(如漏洞挖掘、渗透测试、安全分析和事件响应、产品及开发等)需要的知识结构有所不同,那么这种对攻击面的理解就是所有行业从业者必须了解的内容。

2) 攻击检测和防御

基于威胁情报数据,可以创建 IDP 或者 AV 产品的签名,或者生成 NFT(网络取证工具)、SIEM、ETDR(终端威胁检测及响应)等产品的规则,用于攻击检测。如果是简单的 IP 地址、域名、URL 等指标,除了以上用途,还可以考虑直接使用在线设备进行实时阻截防御。

3) 安全分析及事件响应

安全分析及事件响应中的多种工作同样可以依赖威胁情报更简单、高效地进行处理。在报警分类中,可以依赖威胁情报来区分不同类型的攻击,从中识别出可能的 APT 类型高危级别攻击,以保证及时、有效地应对攻击。

4) 安全取证和溯源

在攻击范围确定、溯源分析中,可以利用预测类型的指标预测已发现攻击线索之前或之后可能的恶意活动,以更快速地明确攻击范围;同时可以将前期的工作成果作为威胁情报,输入 SIEM 类型的设备,进行历史性索引,更全面地得到可能受影响的资产清单或者其他线索。

5) 从点到面的协同防护

通过对威胁情报的交换和共享,联合安全业界各方的力量,整合信息资源,实现更大范围内的快速响应,以对抗不停进化的安全威胁。只要在一个节点发现和确认攻击,把相应的 IOC 提取出来并共享,可以快速实现从点到面的保护,极大地压缩攻击者进行攻击的时间并提升其成本,这个分享的意义比实现单点防护要大得多。

7.3 智慧 Web 应用防火墙

建立威胁情报中心,将威胁情报应用到 Web 应用防火墙系统中,形成智慧 Web 应用防火墙。威胁情报中心能够对大量情报数据进行分析,如钓鱼网站、僵尸网络的 IP 指纹、大量入站数据(访问请求)的攻击特征库等数据,然后将威胁情报实时推送给本地 WAF。

WAF 可进行自我智能分析,形成"智慧大脑",能够自动识别攻击行为,主要针对于所有入站数据进行匹配和过滤。例如,如果有僵尸网络对网站进行大规模攻击,其中的一个或部分 IP 指纹恰好作为威胁情报发送到了本地的 WAF 上,当恶意流量进入 WAF 后,WAF 会将流量和威胁情报进行匹配,如果匹配成功,恶意流量将直接被拦截。智慧 Web 应用防火墙如图 7-3 所示。

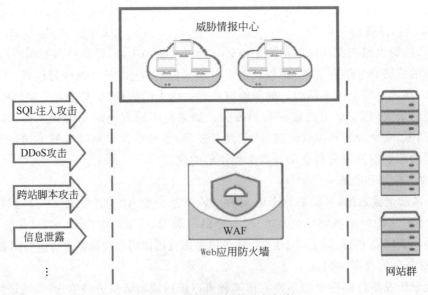

图 7-3　智慧 Web 应用防火墙

思 考 题

1. 什么是威胁情报?
2. 威胁情报的分类方式有哪些?
3. 什么是 IOC?
4. 威胁情报的用途有哪些?
5. 基于应用价值的威胁情报可以分为哪 4 类?

第8章

典型案例

随着 Web 应用的不断丰富,各类攻击工具也不断出现,功能也越来越强大,互联网上的安全隐患越来越多。随着客户核心业务系统对网络依赖程度的增加,Web 应用攻击事件数量将会持续增长,损失严重程度也会剧增。因此,政府、企业等各类组织都必须有所应对以保护其投资、利润和服务。

Web 应用防火墙系统实现了真正意义上的 Web 安全解决方案,围绕"重塑网站边界""智能化防护理念""纵深防御体系"3 个概念,提供了业界领先的 Web 应用攻击防护能力,通过多种机制的分析检测,网神的产品和技术能够有效地阻断攻击,保证 Web 应用合法流量的正常传输,这对于保障业务系统的运行连续性和完整性有着极为重要的意义。同时,针对当前的热点问题,如 SQL 注入攻击、网页篡改、DDoS 攻击等,Web 应用防火墙按照安全事件发生的时序考虑问题,优化最佳安全-成本平衡点,有效降低安全风险。

本章将介绍一些 Web 安全问题解决方案应用案例,针对 WAF 的 3 个防护功能:防数据泄露、防 DDoS 攻击、防网页篡改,分析其安全需求及安全问题,提出相应的解决方案。

8.1 防数据泄露解决方案

8.1.1 背景及需求

随着互联网应用的普及和人们对互联网的依赖,互联网的安全问题也日益凸显。黑客攻击和大规模的数据泄露事件频发,使大量网民和企业的数据泄露与财产损失不断增加。

2017 年以来,国内外均有很多重大的信息泄露事件被媒体曝光,泄露信息少则数十万条,多则数亿条,信息泄露的危害也引起了整个社会的高度关注。信息泄露已经成为安全问题的风险源头。

2017 年 1 月至 10 月,补天平台共收录可能导致信息泄露的网站漏洞 251 个,约占补天平台全年漏洞收录总数(16 427 个)的 1.5%,涉及网站 150 个,共可能泄露信息 51.2 亿条。漏洞数量不多,但是危害极大,如图 8-1 所示。

统计显示,在 251 个可导致信息泄露的网站漏洞中,共有 24 个网站漏洞可能泄露的信息数量在 5000 万条以上,其中还有 11 个漏洞可能泄露的信息数量在 1 亿条以上。

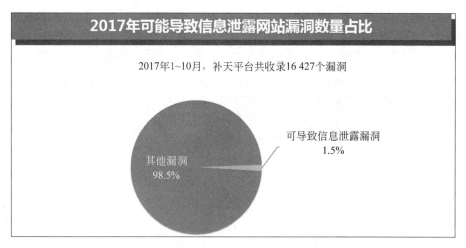

图 8-1　2017 年可能导致信息泄露的网站漏洞数量占比

图 8-2 给出了 2017 年网站漏洞可能泄露信息规模分析。

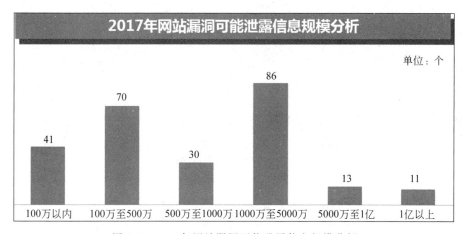

图 8-2　2017 年网站漏洞可能泄露信息规模分析

在大数据产业迅猛发展的浪潮中,我国网民和企业的数据保护面临着严峻形势。为防止这些重要信息被攻击者盗取和利用,需要采取一定的网站保护措施来防范入侵。

8.1.2　解决方案及分析

网站敏感数据信息的泄露主要是由于网站有各类漏洞并被黑客利用而造成的。黑客可以通过命令执行、SQL 注入、网页木马等攻击手段,入侵网站数据库,将用户存储在数据库内的表名、字段名、用户名、密码等信息用工具自动地遍历猜解出来,或者通过猜解弱口令的方式直接登录网站后台并获取用户敏感信息等。

通过在 Web 服务器与网络防火墙之间直连部署 Web 应用防火墙,对基于正常端口访问所发出的请求进行动态检测,及时发现并有效阻断 Web 应用攻击/入侵行为,包括 SQL 注入攻击、跨站脚本攻击以及恶意爬虫等,如图 8-3 所示。

Web 应用防火墙提供了细粒度的特征库,产品支持 HTTP 校验、Web 特征库(基于

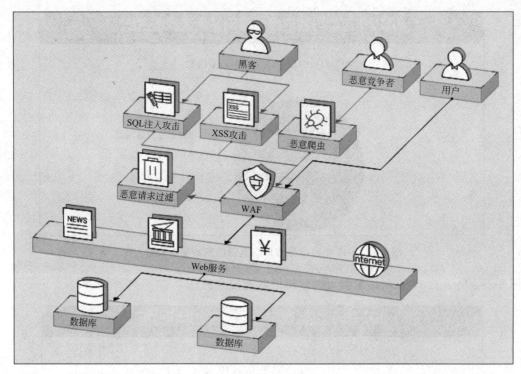

图 8-3 防数据泄露部署

OWASP 标准)、爬虫规则、防盗链规则、跨站请求规则、文件上传/下载、敏感信息、弱密码检测等多种细粒度检测的特征库匹配规则,对流量进行多维度精确检测,精准识别攻击流量及更多变形攻击,降低 Web 应用防火墙被绕过的风险。

8.2 防 DDoS 攻击解决方案

8.2.1 背景及需求

应用层除了 SQL 注入、XSS、信息泄露、溢出等攻击方式外,还有像 CC、洪水等攻击方式。

DDoS 攻击成本低,但攻击性和破坏性却很强,会给企业带来巨大的不可挽回的损失。DDoS 攻击使得服务器访问失败,导致企业失去客户源,进而失去获得业务的机会。针对不同站点,DDoS 攻击带来的后果也是不同的。例如电信、电子商务以及工业等行业中的企业都会在 DDoS 攻击之下失去业务往来机会,工程行业或者是建筑行业等相关部门会因为不同的原因出现系统故障以及系统高成本预算。

360 威胁情报中心的监测数据显示,2017 年全年,国内共有 626.2 万个网站 IP 地址遭到了 1064.3 万次 DDoS 攻击。平均每天发生 DDoS 攻击 2.9 万次。可见,DDoS 攻击是互联网上的一种常态攻击。DDoS 攻击目标网站类型如图 8-4 所示。

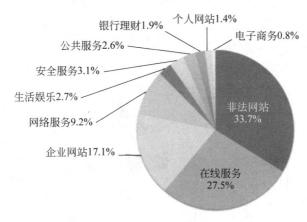

图 8-4　DDoS 攻击目标网站类型

　　鉴于 DDoS 攻击的主要原因是恶意竞争和敲诈勒索,所以被攻击的网站,即便只是中小网站,通常也具有相当的商业价值。2017 年遭到攻击的网站数量为 626.2 万个,约 23% 的网站被攻击后受到致命影响,面临停止服务风险。DDoS 攻击全年给这些网站的经营者造成的经济损失巨大。为防止网站受到这些流量攻击而造成损失,需要采取一定的网站保护措施来防范入侵。

8.2.2　解决方案及分析

　　DDoS 攻击利用肉鸡和代理服务器向目标发起攻击。通过部署 Web 应用防火墙,对应用层 DDoS 等 Web 应用攻击进行有效检测、阻断及防护,降低攻击的影响,从而确保业务系统的连续性和可用性,如图 8-5 所示。

　　针对洪水攻击方式,Web 应用防火墙有 DDoS 清洗功能,主要是针对 CC 攻击、洪水攻击、并发连接数进行平均值和突发值设置。当监测中网络流量突破突发值的时候,Web 应用防火墙会把流量降低至平均值,避免网站服务器因洪水攻击造成 CPU 负载过高,无法对访问流量进行处理而导致服务器出现宕机现象。

　　DDoS 攻击使用 3 层的 SYN 包和 ACK 包进行网站攻击,导致大流量访问网站,网站出口带宽满负荷,网站服务器因无法处理大量的攻击流量而瘫痪,导致正常的客户流量无法进入网站浏览网站内容,造成网站不必要的损失。Web 应用防火墙内置 DDoS 防护模块,针对 SYN 和 ACK 包进行阈值控制,当攻击流量攻击网站服务器时,Web 应用防火墙会在对流量进行识别后,针对攻击流量进行处理,保证正常的访问流量可穿过 Web 应用防火墙浏览网站。

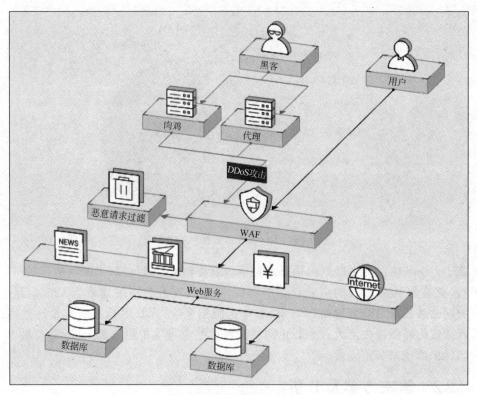

图 8-5　防 DDoS 攻击部署

8.3　防网页篡改解决方案

8.3.1　背景及需求

　　网页篡改是发生最频繁的网站安全事件,黑客为了达到政治目的或谋求经济回报,往往会对政府网站、电商网站进行篡改攻击。据 CNCERT 最新统计显示,2009 年中国大陆地区政府网页遭篡改事件呈大幅增长趋势,2010 年上半年我国被篡改的政府网站数量就达到 7189 个。电子政务门户网站基于 Web 应用服务方式,给用户提供了方便,然而针对 Web 业务的攻击也在迅猛增长,类似网页被篡改或者网站被入侵等安全事件频繁发生,不但严重影响了政府的形象,有时甚至会造成巨大的经济损失或者严重的社会问题,严重危及国家安全和人民利益。

　　攻击者通过网页漏洞获取、破坏、篡改各种重要信息,给各组织机构造成重大的经济损失和恶劣的社会影响。针对目前网络空间日益严重的网站攻击和篡改的问题,国家相关部门出台了相应的条款进行制约,在信息安全等级保护工作中也明确了对网站的保护要求。

　　这些网站往往代表政府机关、企事业部门的形象,有些网站甚至代表国家形象,与国家利益息息相关。根据等级保护、分级保护工作的要求,政府类网站在建设中,需要将对外发布和对内维护分开,发布网站和维护网站服务器之间采用物理隔离,使用两台服务隔离的网站进行网页防篡改。

8.3.2　解决方案及分析

网页篡改事件发生的主要原因是网页代码编写不规范、网站服务器植入后门程序(Webshell 等)。这些安全问题导致网页可以被第三方轻易入侵,篡改网站内容,替换网站图片、视频文件等。

通过在 Web 服务器之前部署 Web 应用防火墙,可以对网页防篡改客户端进行实时监控。当网页防篡改客户端与 Web 应用防火墙的网络中断时,网页文件会被自动锁定,所有写的权限被封锁,只有读的权限。当网络恢复后,所有相关权限会自动下发,网站恢复正常更新,如图 8-6 所示。

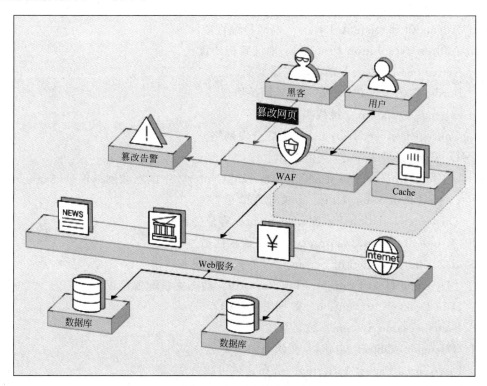

图 8-6　网页防篡改部署

Web 应用防火墙内置网页防篡改模块,使用内核保护和触发更新技术对网站进行防篡改保护,当攻击者篡改网站时,触发更新技术会第一时间记录网站被篡改,之后还原网站原有形态,保证网站不被攻击者篡改,并用内核保护技术对网站的数据库、网站架构进行权限保护,防止攻击者进一步盗取和利用敏感信息。

附录 A

WAF 技术英文缩略语

ACAP Automated Content Access Protocol 自动内容访问协议

ACL Access Control List 访问控制列表

ADN Application Delivery Networking 应用交付网络

AES Advanced Encryption Standard 高级加密标准

API Application Programming Interface 应用程序编程接口

APT Advanced Persistent Threat 高级持续性威胁

ARP Address Resolution Protocol 地址解析协议

ASP Active Server Page 动态服务器页面

BGP Border Gateway Protocol 边界网关协议

CC Challenge Collapsar 挑战黑洞

CDN Content Delivery Network 内容分发网络

CNAME Canonical Name 规范名称

CNNIC China Internet Network Information Center 中国互联网络信息中心

CPU Central Processing Unit 中央处理单元

CRM Customer Relationship Management 客户关系管理

CSRF Cross-site Request Forgery 跨站请求伪造

DDoS Distributed Denial of Service 分布式拒绝服务攻击

DHCP Dynamic Host Configuration Protocol 动态主机配置协议

DLP Data Leakage Prevention 数据丢失保护

DNS Domain Name System 域名系统

DOM Document Object Model 文档对象模型

DPF Distributed Packet Filtering 分布式包过滤方法

DPI Deep Packet Inspection 深度报文检测

DWC Deep Web Crawler 深层网络爬虫

ERP Enterprise Resource Planning 企业资源计划

FTP File Transfer Protocol 文件传输协议

FWC Focused Web Crawler 聚焦网络爬虫

Gbps Gigabit per second 吉位每秒

GPWC General Purpose Web Crawler 通用网络爬虫

HRM Human Resource Management 人力资源管理

HTML   Hypertext Markup Language   超文本标记语言

HTTP   Hypertext Transfer Protocol   超文本传输协议

HTTPS   Hypertext Transfer Protocol Secure   超文本传输协议安全

ICMP   Internet Control Message Protocol   网络控制报文协议

IDS   Intrusion Detection System   入侵检测系统

IE   Internet Explorer   互联网浏览器

IGMP   Internet Group Management Protocol   因特网管理协议

IGP   Interior Gateway Protocol   内部网关协议

IIS   Internet Information Service   互联网信息服务

IOC   Indicator of Compromise   入侵指示标记

IP   Internet Protocol   互联网协议

IPS   Intrusion Prevention System   入侵防御系统

IRC   Internet Relay Chat   互联网交谈协议

ISP   Internet Service Provider   互联网服务提供商

IT   Information Technology   信息技术

IWC   Incremental Web Crawler   增量式网络爬虫

JSP   Java Server Pages   Java 服务器页面

KPI   Key Performance Indicator   关键绩效指标

Mbps   Megabit per second   兆位每秒

MIME   Multipurpose Internet Mail Extensions   多用途互联网邮件扩展类型

MRTI   Machine-Readable Threat Intelligence   可机读威胁情报

MSSP   Managed Security Service Provider   安全服务提供商

MTU   Maximum Transmission Unit   最大传输单元

NAT   Network Address Translation   网络地址转换

NGFW   Next Generation Firewall   下一代防火墙

NIST   National Institute of Standards and Technology   美国国家标准与技术研究院

NNTP   Network News Transfer Protocol   网络新闻传输协议

NS   Name Server   名称服务器

NTP   Network Time Protocol   网络时间协议

OWASP   Open Web Application Security Project   开放式 Web 应用程序安全项目

P2P   Peer to Peer   点对点,对等

PDF   Portable Document Format   便携式文档格式

PHP   Hypertext Preprocessor   超文本预处理语言

PPS   Packets per second   包每秒

RASP   Runtime Application Self-Protection   实时应用程序自我保护

RIP   Routing Information Protocol   路由信息协议

RSA   Rivest-Shamir-Adleman   RSA 算法(一种非对称加密算法)

SaaS   Software as a Service   软件即服务

SCM　Supply Chain Management　供应链管理

SEO　Search Engine Optimization　搜索引擎优化

SHA　Secure Hash Algorithm　安全哈希算法

SIEM　Security Information and Event Management　安全信息和事件管理

SMTP　Simple Mail Transfer Protocol　简单邮件传输协议

SQL　Structured Query Language　结构化查询语言

SSH　Secure Shell　安全外壳协议

SSL　Secure Sockets Layer　安全套接层

SSRF　Server-Side Request Forgery　服务器端请求伪造

SVN　Subversion　版本控制系统

TCL　Tool Command Language　工具命令语言

TCP　Transmission Control Protocol　传输控制协议

TI　Threat Intelligence　威胁情报

URI　Universal Resource Identifier　统一资源标识符

URL　Uniform Resource Locator　统一资源定位符

UDP　User Datagram Protocol　用户数据报协议

UTM　United Threat Management　统一威胁管理

VPN　Virtual Private Network　虚拟专用网络

VRRP　Virtual Router Redundancy Protocol　虚拟路由冗余协议

WAF　Web Application Firewall　Web 应用防火墙

WWW　World Wide Web　万维网

XML　Extensible Markup Language　可扩展标记语言

XSS　Cross Site Scripting　跨站脚本

参 考 文 献

[1] 吴翰清. 白帽子讲 Web 安全[J]. 信息安全与通信保密,2015(5):61.

[2] 鲍旭华,洪海,曹志华. 破坏之王:DDoS 攻击与防范深度剖析[M]. 北京:机械工业出版社,2014.

[3] 张艳,俞优,沈亮,等. 防火墙产品原理与应用[M]. 北京:电子工业出版社,2016.

[4] 陈波,于泠. 防火墙技术与应用[M]. 北京:机械工业出版社,2013.

[5] 吴秀梅,毕烨,王见,等. 防火墙技术及应用教程[M]. 北京:清华大学出版社,2010.

[6] 马春光,郭方方. 防火墙、入侵检测与 VPN[M]. 北京:北京邮电大学出版社,2008.

[7] 阎慧,王伟,宁宇鹏. 防火墙原理与技术[M]. 北京:机械工业出版社,2004.

[8] 程庆梅,徐雪鹏. 防火墙系统实训教程[M]. 北京:机械工业出版社,2012.

[9] 白树成,杨宝强. 防火墙与 VPN 技术实训教程[M]. 北京:电子工业出版社,2014.

[10] 徐慧洋,白杰,卢宏旺. 华为防火墙技术漫谈[M]. 北京:人民邮电出版社,2015.

[11] 刘晓辉. 交换机·路由器·防火墙[M].3 版. 北京:电子工业出版社,2015.

[12] 张永铮,肖军,云晓春,等. DDoS 攻击检测和控制方法[J]. 软件学报,2012,23(8):2058-2072.

[13] 胥秋华. DDoS 攻击防御关键技术的研究——DDoS 攻击检测[D]. 上海:上海交通大学,2007.

[14] 陈世文. 基于谱分析与统计机器学习的 DDoS 攻击检测技术研究[D]. 郑州:解放军信息工程大学,2013.

[15] 姜宏. 大规模 DDoS 攻击检测关键技术研究[D]. 郑州:解放军信息工程大学,2015.

[16] 刘勇,香丽芸. 基于网络异常流量判断 DoS/DDoS 攻击的检测算法[J].吉林大学学报(信息科学版),2008,26(3):313-319.

[17] Bhaiji Y.网络安全技术与解决方案[M]. 北京:人民邮电出版社,2009.

[18] 王永杰,鲜明,陈志杰,等. DDoS 攻击分类与效能评估方法研究[J].计算机科学,2006,33(10):97-100.

[19] 徐川. 应用层 DDoS 攻击检测算法研究及实现[D]. 重庆:重庆大学,2012.

[20] 杨新宇,杨树森,李娟. 基于非线性预处理网络流量预测方法的泛洪型 DDoS 攻击检测算法[J].计算机学报,2011,34(2):395-405.

[21] 陈鹏. DDoS 攻击防御新技术及模型研究[D]. 成都:电子科技大学,2009.

[22] 房至一,张美文,魏华,等. 防御和控制 DoS/DDoS 攻击新方法的研究[J].北京航空航天大学学报,2004,30(11):1033-1037.

[23] 井艳芳. DoS 攻击的研究和主机安全防御系统的设计[D]. 青岛:山东科技大学,2004.

[24] 付礼. DDoS 攻击检测研究及包过滤系统的设计[D]. 北京:北京邮电大学,2013.

[25] 谭大礼,王明政,王璇. 面向服务的信息安全威胁分析模型[J].信息安全与通信保密,2011,09(9):97-99.

[26] 段伟希,周智,张晨,等. 移动互联网安全威胁分析与防护策略[J].电信工程技术与标准化,2010,23(2):7-9.

[27] 李鑫,张维纬,隋子畅,等. 新型 SQL 注入及其防御技术研究与分析[J].信息网络安全,2016(2):66-73.

[28] 杨高明. SQL 注入的自动化检测技术研究[D]. 成都:电子科技大学,2015.

[29] 何申,张四海,王煦法,等. 网络脚本病毒的统计分析方法[J].计算机学报,2006,29(6):969-975.

[30] 胡洋瑞,陈兴蜀,王俊峰,等. 基于流量行为特征的异常流量检测[J].信息网络安全,2016(11):

45-51.

[31] 赖英旭,李秀龙,杨震,等. 基于流量监测的用户流量行为分析[J]. 北京工业大学学报,2013,39(11):1692-1699.

[32] 张翔,胡昌振,尹伟. 基于事件关联的网络威胁分析技术研究[J]. 计算机工程与应用,2007,43(4):143-145.

[33] 陈鑫,王晓晗,黄河. 基于威胁分析的多属性信息安全风险评估方法研究[J]. 计算机工程与设计,2009,30(1):38-40.

[34] 何永飞,姜建国. 基于旁路方式网络监控的 TCP/IP 协议分析与阻断[J]. 科学技术与工程,2007,7(20):5409-5410.

[35] 高少杰. SQL 注入攻击防御方法研究[D]. 云南:云南大学,2010.

[36] 吴定刚. ASP. NET 应用中的"SQL 注入"及解决方案[J]. 电脑知识与技术,2005(18):3-5.

[37] 李元鹏. SQL 注入攻击扫描分析工具的实现与攻击防范技术研究[D]. 北京:北京交通大学,2010.

[38] 练坤梅,许静,田伟,等. SQL 注入漏洞多等级检测方法研究[J]. 计算机科学与探索,2011,05(5):474-480.

[39] 宋明生. Web 银行系统中的 SQL 注入攻击及防范[J]. 网络空间安全,2010(7):84-88.

[40] 齐林,王静云,蔡凌云,等. SQL 注入攻击检测与防御研究[J]. 河北科技大学学报,2012,33(6):530-533.

[41] 刘文生,乐德广,刘伟. SQL 注入攻击与防御技术研究[J]. 信息网络安全,2015(9):129-134.

[42] 范佳佳. 论大数据时代的威胁情报[J]. 图书情报工作,2016(6):15-20.

[43] 李超,周瑛. 大数据环境下的威胁情报分析[J]. 情报杂志,2017,36(9):24-30.

[44] 李炜键,金倩倩,郭靓. 基于威胁情报共享的安全态势感知和入侵意图识别技术研究[J]. 计算机与现代化,2017(3):65-70.

[45] 李建华. 网络空间威胁情报感知、共享与分析技术综述[J]. 网络与信息安全学报,2016,2(2):16-29.

[46] 钟友兵. 基于多维数据的威胁情报分析研究[D]. 天津:中国民航大学,2017.

[47] 徐锐,陈剑锋,刘方. 网络空间安全威胁情报及应用研究[J]. 通信技术,2016,49(6):758-763.

[48] 蔡皖东. Web 安全漏洞检测技术[M]. 北京:电子工业出版社,2016.

[49] Stuttard D, Pinto M. 黑客攻防技术宝典:Web 实战篇[M]. 2 版. 石华耀,傅志红,译. 北京:人民邮电出版社,2012.

[50] 田峥,薛海伟,田建伟,等. 基于网页静态分析的 Web 应用系统弱口令检测方法[J]. 湖南电力,2016,36(5):47-50.